Prüfungs-Trainer
Biochemie und Zellbiologie

Andreas Held

Prüfungs-Trainer
Biochemie
und Zellbiologie

ELSEVIER
SPEKTRUM
AKADEMISCHER
VERLAG

Spektrum
AKADEMISCHER VERLAG

Zuschriften und Kritik an:
Elsevier GmbH, Spektrum Akademischer Verlag, Lektorat Biologie,
Merlet Behncke-Braunbeck, Jutta Liebau, Slevogtstr. 3-5, 69126 Heidelberg
m.braunbeck@elsevier.com

Wichtiger Hinweis für den Benutzer
Der Verlag und der Autor haben alle Sorgfalt walten lassen, um vollständige und
akkurate Informationen in diesem Buch zu publizieren. Der Verlag übernimmt
weder Garantie noch die juristische Verantwortung oder irgendeine Haftung für
die Nutzung dieser Informationen, für deren Wirschaftlichkeit oder fehlerfreie
Funktion für einen bestimmten Zweck. Der Verlag übernimmt keine Gewähr
dafür, dass die beschriebenen Verfahren, Programme usw. frei von Schutzrechten
Dritter sind. Der Verlag hat sich bemüht, sämtliche Rechteinhaber von Abbildun-
gen zu ermitteln. Sollte dem Verlag gegenüber dennoch der Nachweis der
Rechtsinhaberschaft geführt werden, wird das branchenübliche Honorar gezahlt.

Bibliografische Information Der Deutschen Bibliothek
Die Deutsche Bibliothek verzeichnet diese Publikation in der Deutschen
Nationalbibliografie; detaillierte bibliografische Daten sind im Internet über
http://dnb.ddb.de abrufbar.

Planung und Lektorat: Merlet Behncke-Braunbeck, Jutta Liebau
Herstellung: Ute Kreutzer
Satz: Mitterweger & Partner, Plankstadt
Druck und Bindung: LegoPrint S.p.A., Lavis
Umschlaggestaltung: WSP Design, Heidelberg
Titelfotografie (linker Teil): © Tony Stone Bilderwelten / Tim Davis
Gedruckt auf 90gr. Valprint, 1,3faches Volumen

Printed in Italy
ISBN 3-8274-1542-X

Aktuelle Informationen finden Sie im Internet unter www.elsevier-deutschland.de

Vorwort

Was ist ein Siphon?

Die Antwort auf diese und viele weitere Fragen über Tiere habe ich nicht mehr vergessen, seit ich in den Siebzigerjahren in Zoologie das Zwischenexamen ablegte. Mein damaliger Zoologieprofessor war bekannt für seinen „Wissenskatalog", den er an Studierende verteilte, die sich bei ihm zur mündlichen Prüfung anmeldeten. Die rund 200 darin formulierten Aussagen und Fragen quer durch die Systematik und Morphologie der Tiere empfand ich seinerzeit als eine echte Rettungsinsel im endlosen Sumpf der Fakten und Phänomene, in den mich Lehrbücher und Vorlesungen getaucht hatten. Eine gewisse Skepsis blieb allerdings – war es nicht zu riskant, sich auf ein derart komprimiertes Wissensspektrum zu verlassen? Erstaunlicherweise verhalf mir dieses frühe Kompendium nicht nur zum erhofften Prüfungsergebnis, sondern tatsächlich zu einem gewissen Grundverständnis der Zoologie, und dies wiederum erzeugte bei mir damals eine ganz allgemeine Begeisterung für biologische Phänomene und Fragestellungen, die mich bis heute nicht mehr losgelassen hat. Es hätte in der Prüfung nämlich nicht genügt, einfach nur auswendig herzubeten: „Ein Siphon ist ein rüsselartiger Auswuchs des Mantels bei Mollusken." Ich musste natürlich auch erklären können, wozu das Tier den Siphon braucht, wie er funktioniert und warum manche Arten keinen und andere zwei davon haben. Dafür durchforstete ich gezielt die im „Wissenskatalog" angegebenen Seiten meiner Lehrbücher – und ehe ich mich versah, hatte ich anhand des Siphons erstaunlich viel über Mollusken und über Biologie begriffen. Jener so hilfreiche „Wissenskatalog" war tatsächlich eine Frühform der vorliegenden, von Experten erstellten Buchreihe – ein altbewährtes Lernsystem, das hier nach modernen didaktischen Kriterien optimiert wurde.

Auch heute, in Zeiten, in denen Lehrbücher wie Campbells *Biologie* und das fünfbändige Werk *Grundstudium Biologie*, herausgegeben von Katharina Munk, didaktische Maßstäbe setzen, sind gut zusammengestellte Kompendien nicht überflüssig geworden – ganz im Gegenteil. Die Stofffülle ist heute immens, und meist kumulieren zum Ende des Semesters die Prüfungstermine, sodass selbst fleißige und gut organisierte Studierende bei der Prüfungsvorbereitung gehörig unter Druck geraten. Wer da nicht kontinuierlich gelernt hat, dem bleibt mitunter

verzweifelt wenig Zeit. Die vorliegende Reihe bildet hier ein Notpro-
gramm vor allem für Studierende der Biologie, die eine unmittelbar
bevorstehende Zwischenprüfung (Lehramt oder Vordiplom) bestehen
möchten und hierfür angesichts der zu beherrschenden Stofffülle eine
„Lebensversicherung" suchen. Die Inhalte sind so ausgewählt, dass sie
den Kernbereich der betreffenden Gebiete (Mikrobiologie, Botanik, Zoo-
logie, Genetik, Biochemie und Zellbiologie) breit abdecken und dennoch
anhand etlicher Seitenhinweise vor allem auf Campbells *Biologie* eine
Vertiefung ermöglichen. Wer in kurzer Zeit viel Stoff effizient wieder-
holen, also „abhaken" möchte oder einen letzten Sicherheits-Check über
seinen Wissensstand durchzuführen wünscht, der ist mit dieser Reihe
sicher hervorragend bedient.

Prof. Dr. Jürgen Markl
Institut für Zoologie
Johannes Gutenberg-Universität Mainz
Januar 2004

Inhalt

1. Die Entstehung des Lebens

geschätzte Entstehung	
Erde	vor ca. 4,6 Mrd. Jahren
erste Lebewesen	vor ca. 4–3,5 Mrd. Jahren
erste Eukaryoten	vor ca. 2–1,5 Mrd. Jahren
erste Wirbeltiere	vor ca. 500 Mio. Jahren
erste Säugetiere	vor ca. 200 Mio. Jahren
erste Hominiden	vor ca. 3 Mio. Jahren

Einige der wichtigsten Episoden in der Geschichte des Lebens finden Sie auch in Abbildung 26.1 von Campbells Biologie dargestellt.

(Campbell S. 609) gelernt ☐

1.1 Chemische und präbiologische Evolution

Die ersten Zellen könnten durch chemische Evolution entstanden sein

(Campbell S. 614) gelernt ☐

Hypothese zur abiotischen chemischen Evolution
- **abiotische Synthese** und Akkumulation **kleiner organischer Moleküle** (z. B. auch Biomonomere wie Aminosäuren und Nucleotide
- Verknüpfung der Monomere zu **polymeren Makromolekülen** (z. B. Proteine, Nucleinsäuren)
- Entstehung **selbst-replizierender** Moleküle (→ ermöglichen **Vererbung** von Eigenschaften) → **RNA** als erstes Erbmaterial
- Verpackung der Moleküle in membranumhüllte Vesikel (**Protobionten**)

1.1.1 Abiotische Bildung organischer Moleküle

Die spontane abiotische Entstehung von Biomonomeren ist eine überprüfbare Hypothese

(Campbell S. 614) gelernt ☐

wahrscheinliche Bestandteile der Uratmosphäre

- **Kohlendioxid** (CO_2)
- **Stickstoff** (N_2)
- **Methan** (CH_4)
- **Ammoniak** (NH_3)
- dazu **Wasserdampf** (H_2O), **Wasserstoff** (H_2), **Schwefeldioxid** (SO_2) und **Chlorwasserstoff** (HCl)

Ursuppe

- enthielt **Rohmaterialien** für Entstehung des Lebens
- durch hohe Temperaturen, radioaktive Strahlung und Blitze (ionisierende Wirkung) Entstehung von reaktionsfähigen **Radikalen** und **Ionen**
- **Anreicherung der Reaktionsprodukte** im Meer

Simulation der Uratmosphäre

- Experiment von **H. C. Urey** und **S. L. Miller** (nach Hypothese von **J. B. S. Haldane**)
- Nachweis der **abiotischen chemischen Evolution** → Entstehung **einfacher organischer Moleküle**
- Gemisch aus **Wasserstoff, Methan, Ammoniak** und **Wasser**
- Verdampfung durch Erhitzen, elektrische Entladungen, Kondensation durch Kühlung
- es bildeten sich u. a.: **Aminosäuren** und andere organische Moleküle (Porphyrine sowie **reaktionsfähige Zwischenprodukte** wie Cyanwasserstoff und Formaldehyd)
- aus Zwischenprodukten Bildung von **Zuckern** und **Basen** der Nucleinsäuren

Anhand von Abbildung 26.10 in Campbells Biologie können Sie sich den Versuchsaufbau des Urey-Miller-Experiments veranschaulichen.

☐ *gelernt (Campbell S. 616)*

! **biologisch häufigste Elemente**
- **Kohlenstoff, Sauerstoff, Wasserstoff** und **Stickstoff: C, O, H, N**
- Zellen zu **99 %** aus diesen Elementen
- weiterhin wichtig: **Schwefel** (S) und **Phosphor** (P)

Die organische Chemie ist die Chemie von den Kohlenstoffverbindungen

☐ *gelernt (Campbell S. 64)*

> **Eigenschaften des Kohlenstoffatoms** ❗
> - **geringe Größe**, 4 Valenzelektronen (**vierwertig**)
> - Bildung **stabiler kovalenter Bindungen**
> - **Einfach-, Doppel-** und **Dreifachbindungen** mit anderen **C-, O-** und **N**-Atomen
> - Bildung einer außerordentlichen **Vielfalt an Makromolekülen**
> - durch **tetraedrische Anordnung** von 4 Einzelbindungen leichter Bildung **räumlicher Strukturen** möglich

Kohlenstoffatome sind die vielseitigsten Bausteine von Molekülen

(Campbell S. 65) gelernt ☐

1.1.2 Abiotische Bildung von Makromolekülen

- wichtiger Schritt für **Entstehung des Lebens**
- **Bausteine** in **Ursuppe** enthalten
- plausibelster Weg: Kopplung von **Kondensationsreaktionen** mit der **Hydrolyse** energiereicher Verbindungen
- **Energiebereitstellung** für Ausbildung von **Peptidbindungen**:
  - in **Zellen** durch **ATP** (Adenosintriphosphat)
  - experimentell z. B. durch **Dicyan**
- Vorläufer von ATP: evtl. energiereiche **Thioester**

Bei experimenteller Simulation der Bedingungen auf der Ur-Erde kondensieren Biomonomere zu Makromolekülen

(Campbell S. 616) gelernt ☐

1.1.3 Informationsträger als Voraussetzung des Lebens

- **Urzelle** muss **Information** enthalten haben, die sich **vervielfältigen** konnte
- **Vererbung** beruht auf **Selbst-Replikation**
- **Codierung** von Proteinen durch **Nucleinsäuren**

Informationsträger Nucleinsäuren
- bilden eine **stabile Struktur**
- tragen aufgrund der **Basenpaarung** die Information zur **eigenen Replikation**
- eignen sich daher zur **Informationsspeicherung** und **-weitergabe**

Das erste genetische Material war vermutlich nicht DNA, sondern RNA

(Campbell S. 617) gelernt ☐

Hypothese der RNA-Welt
- **RNA** war zunächst wahrscheinlich **einziger Informationsträger**
- **einzelsträngige Moleküle** aus 50–100 Nucleotiden, stabilisiert durch Wasserstoffbrücken (v. a. Basenpaarung GC)
- Voraussetzung: **Selbst-Replikation der RNA** ohne Beteiligung von katalytischen Proteinen
- vorstellbar durch Entdeckung der **Ribozyme**: RNA-Moleküle, die biochemische Reaktionen **katalysieren**

DNA-Welt
- DNA **stabiler**, weil **doppelsträngig**
- Replikation mit **weniger Kopierfehlern**
- **Trennung** von **Replikation** und **Expression**

 heutiger biologischer Informationsfluss (Abb. 1.1)
- **DNA**: überwiegend **Speicher** der genetischen Information
  - Vermehrung und Erhaltung durch **Replikation**
- **RNA**: **Übertragung** der genetischen Information (Ausnahme: bei einigen Viren und Viroiden auch Informationsspeicher)
- **Expression** der genetischen Information:
  - **Transkription** der Information von DNA auf RNA
  - **Translation** der Information der RNA in **Aminosäuresequenz** von Polypeptid oder Protein
  - **reverse Transkription** der Information von RNA auf DNA bei einigen **RNA-Viren**

 Hyperzyklus
- Modell der **Selbstorganisation des Lebens** von **Manfred Eigen**
- Prinzip: Kooperation durch **Kopplung** von **Informations-** und **Funktionsträger**
- **Informationsträger** als **Quasi-Spezies** bezeichnet
- **Selektionsmechanismen** setzen bereits auf der Ebene der **Makromoleküle** an

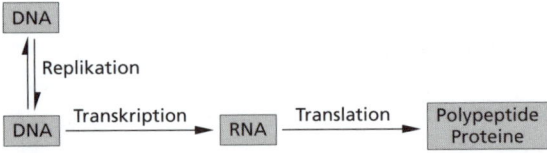

Abb. 1.1: Biologischer Informationsfluss.

Siehe hierzu auch:
Mit Erbinformation ausgestattete Protobionten wurden durch die natürliche
Selektion angepasst
sowie
Die Diskussion über die Entstehung des Lebens geht weiter

(Campbell S. 618 und S. 619) gelernt ☐

1.1.4 Bildung erster Zellstrukturen

- **Leben** ist abgegrenzt in **Einheiten**, in denen **Stoffwechselreaktionen** ablaufen
- **Austausch** mit der Umgebung
- **Protobionten**: Bezeichnung für **Vorläufer** lebender Zellen

hypothetische Entstehung von Zellvorläufern
- **Koazervate**: tröpfchenförmige Gebilde mit Makromolekülen, die sich in Lösungen aus Makromolekülen bilden → evtl. Zellvorläufer
- **Mikrosphären**: kleine Hohlkugeln, die sich bei Suspension von Polypeptiden in Wasser bilden → evtl. Zellvorläufer
- **biologische Membranen**: könnten aus Tröpfchen, Vesikeln oder Liposomen entstanden sein, die sich in Lösungen von Makromolekülen oft von selbst bilden

Protobionten konnten sich durch Selbstassemblierung bilden, wie Simulationsexperimente zeigen

(Campbell S. 618) gelernt ☐

1.1.5 Evolution des Stoffwechsels (Abb. 1.2)

- erste **Urzellen** lebten in **sauerstofffreier** Umgebung → **anaerober Stoffwechsel**
- **heterotrophe Ernährung** von organischen Molekülen (z. B. **Glykolyse** von Glucose)
- Entwicklung **neuer Stoffwechselwege** durch **neue Enzymreaktionen**
- zunächst **einfache Gärungen** zum Energiegewinn
- Weiterentwicklung der **Porphyrine** → Voraussetzung für Entstehung von **Elektronentransportketten** zur Energiegewinnung (→ Atmung, Photosynthese, Methanogenese)
- Entstehung der **Chlorophylle** → **anoxygene Photosynthese** (1 Photosystem)
- Entstehung des **Photosystems II** → **oxygene Photosynthese**
- Wasserspaltung → Entstehung von **Sauerstoff** → Anreicherung in der **Atmosphäre**
- Entstehung der **aeroben Atmung** (zuvor nur anaerob)

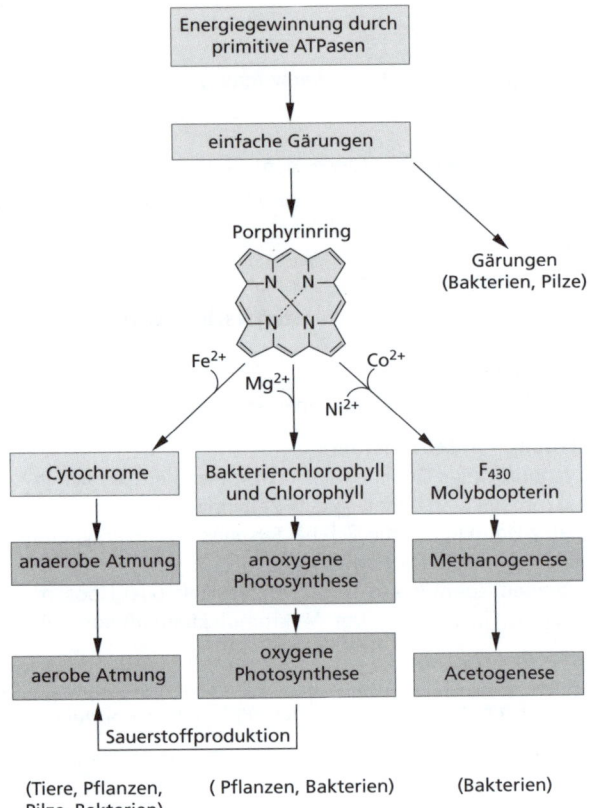

Abb. 1.2: Arten der Energiegewinnung im Lauf der Evolution der Organismen.

> **❗ Mechanismen der ATP-Synthese**
> - Wege der **Energieversorgung** bei **allen Lebewesen** mit ähnlichen Komponenten und Mechanismen
> - **Glykolyse**: universell verbreitet
> - **Photophosphorylierung**: Pflanzen, Algen und photosynthetisierende Bakterien
> - **Elektronentransportphosphorylierung** (**Atmungskettenphosphorylierung**): bei der vollständigen **Verbrennung organischer Substanzen** bei Tieren, Pflanzen, Pilzen und Mikroorganismen

1.2 Merkmale von Leben

Eigenschaften von Leben
- Fähigkeit zur **Selbstvermehrung**
- Aufbau aus **Makromolekülen** und anderen **organischen Molekülen**, die nur von Lebewesen synthetisiert werden
- **zelluläre Organisation** ($\rightarrow$ abgegrenzte Einheiten)
- **Stoffwechsel** (Lebewesen = **offene Systeme**)
- **Wachstum** und **Entwicklung** (bis hin zum Tod)
- **Reizbarkeit**: Aufnahme von Reizen über Rezeptoren, Reaktion darauf
- **Motilität** (auch in der Zelle durch Plasmabewegung)
- **evolutionäre Anpassung**: Besitz eines durch **Mutation** und **Rekombination** veränderbaren **Genoms**

In Abbildung 1.3 in Campbells Biologie *sind einige der Eigenschaften des Lebens zusammengestellt.*

(Campbell S. 5) gelernt ☐

Viren und **Viroide** erfüllen **nicht** alle Kriterien des Lebens:
- sind **nicht** zu Zellen organisiert
- sind zur Vermehrung auf **echte** Zellen angewiesen
- besitzen **keinen** eigenen Stoffwechsel
- zeigen **keine** Reaktionen auf Reize
  $\rightarrow$ daher nicht als Lebewesen, sondern als **Zellparasiten** betrachtet.

2. Die Zelle

Zelle
- kleinste **Struktur- und Funktionseinheit** aller Lebewesen
- besitzt alle **Kennzeichen des Lebens** (s. Kap. 1.3)
- sehr **unterschiedliche Größe** und **Form** → z. T. spezialisierte Funktionen
- in Grundzügen **gleiche Organisation**

Cytoplasma
- **Innenraum** einer Zelle aus **konzentrierter wässriger Lösung** (ca. 70 % Wasser, 15–20 % Proteine)
- Reaktionsraum für **Stoffwechselvorgänge**
- nach außen begrenzt von **Cytoplasmamembran**

Cytoplasmamembran (s. auch Kap. 9)
- **Aufbau** bei allen Zellen ähnlich, **Zusammensetzung** unterschiedlich
- meist aus **Lipiddoppelschicht** (**Bilayer**, undurchlässig für hydrophile Moleküle): größtenteils aus **Phospholipiden**
- eingebettete **Proteine**: mit Transportfunktion, Katalysatorfunktion oder Rezeptoren

Ribosomen
- in praktisch allen Zellen vorhandene **rRNA-Proteinkomplexe**
- bestehen grundsätzlich aus **zwei Untereinheiten**
- Orte der **Proteinsynthese**

Pro- und Eukaryotenzellen unterscheiden sich in Größe und Komplexität

☐ *gelernt (Campbell S. 133)*

Ribosomen bauen die Proteinmoleküle einer Zelle auf

☐ *gelernt (Campbell S. 139)*

Reservesubstanzen
- gespeichert als Makromoleküle in **Granula** oder als Lipide in **Oleosomen**

extrazelluläres Material
- von Zellen sezerniert
- bei Tieren: **extrazelluläre Matrix**
- bei Pflanzen, Pilzen und Bakterien: **Zellwand**

2.1 Die unterschiedlichen Organisationsformen der Zelle

Alle Organismen lassen sich anhand ihrer **Zellorganisation** in eine von **3 Domänen** einordnen:
- **Bacteria**: früher als Eubakterien bezeichnet, Prokaryoten
- **Archaea**: früher als Archaebakterien bezeichnet, Prokaryoten
- **Eukarya**: einzellige Eukaryoten, Pflanzen, Pilze, Tiere

Prokaryoten
- umfassen **Bacteria** und **Archaea**: Organismen **ohne** echten Zellkern
- stattdessen **Nucleoid**: kernähnliche Struktur **ohne Kernmembran**
- kleine Zellen, die schon eine Form von **Arbeitsteilung** zeigen
- **Cytoplasmamembran** übernimmt viele Funktionen: Elektronentransport, Photophosphorylierung, Lipidsynthese, Synthese von Glykosiden und Zellwandproteinen

Eukaryoten
- Organismen mit **echtem Zellkern (Nucleus)**
- umhüllt von **2 Membranen (Kernhülle)**
- größere Zellen mit **Kompartimenten**: von **Membran** umschlossene, von übrigem Raum abgetrennte Zellbereiche
- **Membranen** stehen **untereinander** und mit **Cytoplasmamembran** im **Austausch**
- ausgeprägtes **Cytoskelett** → intrazellulärer Transport, Stützfunktion

Bacteria und Archaea bilden die beiden Hauptzweige der prokaryotischen Evolution

(Campbell S. 628) gelernt ☐

Prokaryoten machen fast drei Viertel der **Biomasse** der Erde aus.

Modelle zur Entstehung der Vielzelligkeit
a) *Aggregationskolonien*
- gerichtetes **Zusammenwandern** von Zellen zu vielzelliger Kolonie
- z. B. bei Schleimpilzen

b) *Zellteilungskolonien*
- Zellen bleiben nach Teilung in **extrazellulärer Matrix** beisammen
- z. B. *Volvox*

Zellorganisationen im Vergleich

	Prokaryoten		Eukaryoten
	Archaea	Bacteria	
Organisations-form	einzellig	einzellig	ein- oder mehr-zellig, komplexer aufgebaut
Zusammen-setzung der Cytoplasma-membran	Etherlipide	Esterlipide Hopanoide	Esterlipide Sterole
Zellwände	Pseudopep-tidoglykan, Polysaccharide, Glykoproteine, Proteine	Peptido-glykan, Poly-saccharide, Proteine	– einzellige: Polysaccharide – Pflanzen: Polysac-charide, Cellulose – Tiere: keine – Pilze: Polysaccha-ride, Chitin
Bewegung	Flagellen, Flagellin	Flagellen, Flagellin	Geißeln und Cilien, Pseudopodien
Struktur und Funktion des Cytoplasmas			
Kompartimen-tierung durch intrazelluläre Membranen	selten	selten	vorhanden, z. B. ER, Golgi-Apparat, Lysosomen, Micro-bodies
Organellen	keine	keine	Mitochondrien; Pflanzen und manche Einzellige: Plastiden
Ribosomen	70S	70S	80S Mitochondrien und Plastiden (wenn vorhanden) 70S
Startaminosäure bei Translation	Methionin	Formyl-Methionin	Methionin
Zellteilung	Septenbildung (Zweiteilung)	Septenbildung (Zweiteilung)	Mitose

| | Prokaryoten | | Eukaryoten |
	Archaea	Bacteria	
Cytoskelett	FtsZ-Protein	FtsZ-Protein	Mikrotubuli, Mikrofilamente; Tiere: zusätzl. intermediäre Filamente

Lokalisation und Struktur der Erbinformation

	Archaea	Bacteria	Eukaryoten
Kernstruktur	Nucleoid	Nucleoid	Zellkern (Nucleus) mit Kernhülle
chromosomale DNA	meist ringförmig	meist ringförmig	linear
	meist 1 Chromosom	meist 1 Chromosom	mehrere Chromosomen
	Histonverwandte Proteine	Histonähnliche Proteine	Histone
	nucleosomähnliche Strukturen	Schleifenstrukturen	meist Nucleosomen
	haploid	haploid	diploid oder polyploid (selten auch haploid)
extrachromosomale DNA	Plasmide häufig linear	Plasmide meist ringförmig	Plasmon der Mitochondrien und (wenn vorhanden) Plastiden; bei einigen Pilzen auch Plasmide
Transkription und Translation	gleichzeitig	gleichzeitig	getrennt: Transkription im Zellkern, Translation im Cytoplasma
Introns	selten	selten	meist vorhanden
nicht-codierende Sequenzen	selten	selten	meist vorhanden
genetische Rekombination	konjugationsähnlicher Prozess	Konjugation	Meiose, Syngamie

! **Zelldifferenzierung**
- Entwicklung zu Zellen mit **speziellen Funktionen** bei **Vielzellern**
- durch **Expression bestimmter Gene**
- betrifft **somatische Zellen** (Körperzellen) sowie **Keimbahnzellen** bis hin zu den **Gameten** im Embryo/Fetus

Zellkontakte
- **cytoplasmatische Verbindungen** → schon früh in Evolution entstanden, z. B. bei *Volvox*
- bei Pflanzen: **Plasmodesmen**
- bei Tieren: *gap junctions*

2.1.1 Die Zelle der Bacteria (Abb. 2.1)

- entspricht grundsätzlich dem **Prokaryotentyp**

Fast alle Prokaryoten besitzen eine Zellwand außerhalb ihrer Plasmamembran

☐ *(Campbell S. 630)*

! **Peptidoglykanschicht**
- auch **Mureinschicht**
- wichtiger Bestandteil der **Zellwand bei Bacteria** (umgibt Cytoplasma-membran)
- **vielschichtig** bei **grampositiven Bacteria**
- **einschichtig** und von **äußerer Membran** umgeben bei **gramnegativen Bacteria**
  - durch äußere Membran (aus **Lipopolysacchariden** und **Phospholi-piden**) entsteht zusätzliches Kompartiment: **periplasmatischer Raum**

Den unterschiedlichen Zellwandaufbau grampositiver und gramnegativer Bakterien können Sie sich anhand von Abbildung 27.5 in Campbells Biologie veranschaulichen.

☐ *gelernt (Campbell S. 631)*

Nucleoid
- **Kernäquivalent**: DNA-haltiger Bereich der Bacteria-Zelle
- ca. 1/3 des Zellvolumens
- **chromosomale DNA**: meist **zirkulär**, assoziiert mit **histonähnlichen Proteinen**, organisiert in **Schleifenstrukturen**

In Zellaufbau und Genomorganisation unterscheiden sich die Prokaryoten fundamental von den Eukaryoten

☐ *gelernt (Campbell S. 632)*

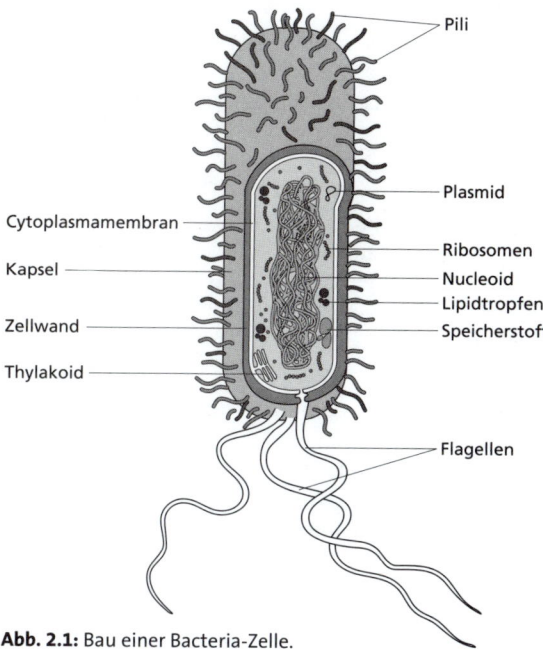

Abb. 2.1: Bau einer Bacteria-Zelle.

Plasmide
- **extrachromosomale** ringförmige oder lineare **DNA-Moleküle**
- **Replikation unabhängig** von chromosomaler DNA
- codieren für **zusätzliche Eigenschaften**, z. B. Antibiotikaresistenz

Flagellen (Geißeln)
- schraubenförmige **extrazelluläre** Strukturen
- Verankerung in Zellwand bzw. Cytoplasmamembran mit **Haken** und **Basalapparat**
- dienen der **Fortbewegung**

Viele Prokaryoten können sich gerichtet fortbewegen *(Campbell S. 631) gelernt*

weitere Zellanhänge
a) *Fimbrien*
   - **starr**, fädig
   - zur **Anheftung** an Oberflächen oder anderen Zellen
b) *Pili*
   - bei **gramnegativen Bakterien**
   - für **Kontakt** zwischen Zellen bei **Konjugation**
   - bei einigen pathogenen Bakterien auch zur **Anheftung** an Gewebe

Sporen

- **Dauerformen** einiger Bakterien, gebildet im Innern der Zellen (**Endosporen**)
- reife Sporen (in gewissem Ausmaß) **resistent** gegen Hitze, Kälte, Trockenheit, Strahlung und in Chemikalien

---

 Escherischia coli

- am besten erforschte prokaryotische Zelle
- Länge ca. **2 μm**; Durchmesser ca. **1 μm**
- ca. 4300 **Gene**, Nucleotidsequenz seit 1997 bekannt
- rund 1500 verschiedene **Proteine**
- Bestandteil der **Darmflora**

2.1.2 Die Zelle der Archaea

- entspricht grundsätzlich dem **Prokaryotentyp**
- Archaea besiedeln viele **extreme Lebensräume**
- z. T. **methanogen**: anaerobe **Methanbildung** durch Reduktion von CO_2 oder aus Acetat

tierische Zelle

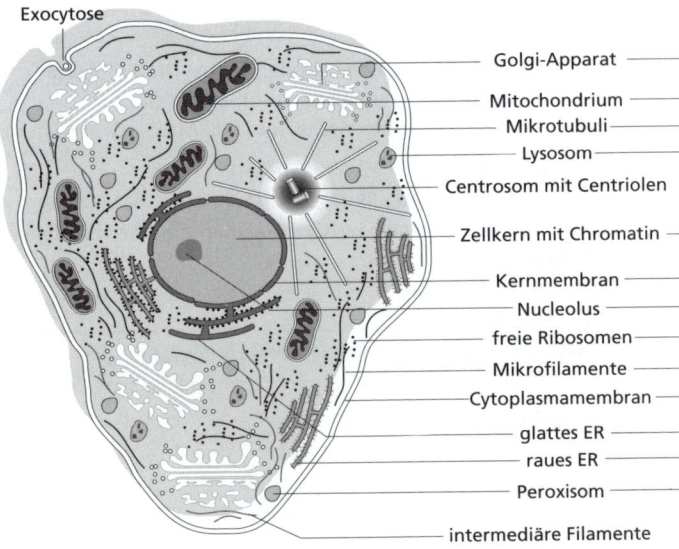

Abb. 2.2: Eukarya-Zellen: Gegenüberstellung einer tierischen und einer pflanzlichen Zelle.

- heterogen aufgebaute **Zellwände**: meist **S-Layer**
- **chromosomale DNA**: meist zirkulär, mit histonverwandten Proteinen assoziiert, in nucleosomenähnlichen Strukturen

Cytoplasmamembran der Archaea
- **ohne** Sterole oder Hopanoide
- statt Esterlipide **Etherlipide**: Kohlenwasserstoffe über Etherbindung an Glycerol gebunden
- bei **hyperthermophilen Archea** nur einfache Schicht (**Monolayer**)

2.1.3 Die Zelle der Eukarya (Abb. 2.2)
- **komplexer** und **vielfältiger** als Prokaryotenzellen
- viele **Spezialisierungen**, aber grundlegend **gleiche Organisation**
- können **Gewebe** bilden:
  - bei **Tieren**: Epithelien, Binde- und Stützgewebe, Muskelgewebe, Nervengewebe
  - bei **Pflanzen**: Abschlussgewebe, Leitgewebe, Grundgewebe

---

Allein bei **Wirbeltieren** gibt es 200 verschiedene Zellarten.

---

pflanzliche Zelle

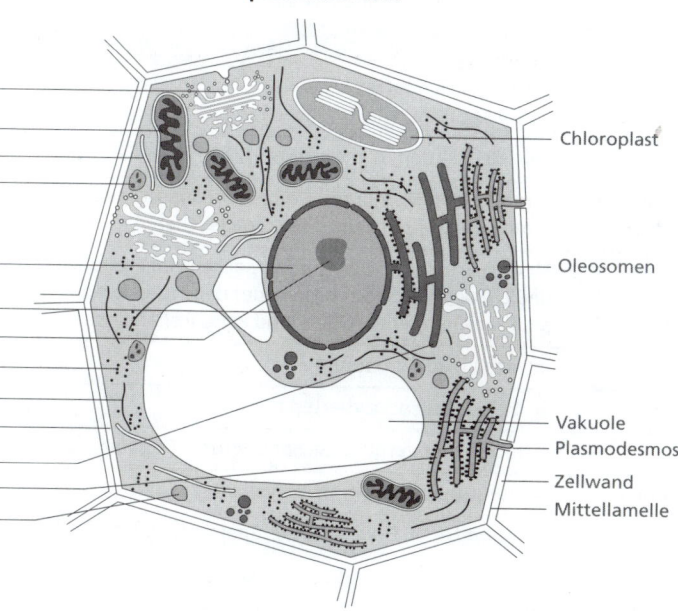

Chloroplast

Oleosomen

Vakuole
Plasmodesmos
Zellwand
Mittellamelle

> **!** **Kompartimentierung**
> - Unterteilung des Cytoplasmas in **membranumhüllte Reaktionsräume**
> - **Kompartimente**: Mitochondrien, Plastiden, Microbodies, raues und glattes endoplasmatisches Reticulum (ER), Golgi-Apparat, Lysosomen, Transportvesikel und Zellkern mit Kernhülle
> - stehen **direkt** oder über **Transportvesikel** miteinander **in Verbindung**
> - Ausnahme: **Mitochondrien** und **Plastiden** – von **2 Membranen** umgeben (wie Zellkern)
>   - **Stoffaustausch** zwischen **Mitoplasma** bzw. **Plastoplasma** und Cytoplasma durch Membranen

Die Bildung innerer Membranen trug zur Entwicklung größerer und komplexerer Zellen bei

☐ *gelernt (Campbell S. 655)*

Innere Membranen grenzen die Funktionen einer Eukaryotenzelle gegeneinander ab

☐ *gelernt (Campbell S. 135)*

Kompartimente eukaryotischer Zellen und ihre Funktionen (s. auch Kap. 10)

Kompartiment	wichtigste Funktionen
Cytoplasma	metabolische Stoffwechselwege, Ribosomen (Proteinsynthese), intrazelluläre Bewegung
Nucleus	DNA-Replikation, Transkription, RNA-Prozessierung
endoplasmatisches Reticulum (ER)	Synthese von Membran-, Export- und Lysosomenproteinen, Lipidsynthese, Calciumspeicher
Golgi-Apparat	Modifizieren, Sortieren und Verpacken von Proteinen und Lipiden für die Sekretion oder den Transport zu anderen Organellen, Oligo- und Polysaccharidsynthese
Lysosomen	intrazelluläre Verdauung
Endosomen	Sortieren des endocytierten Materials
Vakuolen	intrazelluläre Verdauung, Speicherung, Deponie, Turgor
Mitochondrien	Atmung, β-Oxidation, Citratzyklus
Plastiden	Photosynthese, Lipidsynthese, Speicherung (Stärke, Pigmente)
Microbodies (Peroxisomen, Glyoxisomen, Glykosomen)	Spezialaufgaben (Oxidation toxischer Verbindungen, Glyoxylat-Zyklus)

Zellkern (Nucleus)

- umgeben von Doppelmembran (**Kernhülle**)
- enthält Großteil der **DNA**
- **Chromatin**: Organisationsform aus **DNA** und **Proteinen** (Histonen und Nichthistonen)
- charakteristisch: **Introns** – nicht-codierende DNA-Bereiche, die durch Spleißen herausgeschnitten werden
- Aufgaben des Nucleus: **DNA-Replikation, Transkription**

Der Zellkern enthält die genetische Bibliothek der Zelle

(Campbell S. 136) gelernt ☐

Zellwand

- formgebende **äußere Umhüllung** einer Zelle
- bei **Pflanzen**: aus **Cellulose**
- bei **Pilzen**: aus **Chitin**
- bei **Bacteria**: aus **Peptidoglykan**
- bei **Archaea**: aus **Pseudopeptidoglykan, Polysacchariden, Glykoproteinen** oder **Proteinen**
- bei **Tieren**: **nicht** vorhanden

Pflanzenzellen sind von einer festen Zellwand umschlossen

(Campbell S. 154) gelernt ☐

Vakuole

- **flüssigkeitsgefüllter Vesikel**
- durch Membran (**Tonoplast**) von Cytoplasma getrennt
- Entstehung: durch **Fusion** von Vesikeln vom **Golgi-Apparat**
- bei Pflanzen bis 90 % des Zellvolumens (im Schnitt 30 %)

Cytoskelett (s. auch Kap. 11)

- Funktionen: **Formgebung**, intracytoplasmatischer **Transport, Zellbewegung**
- Filamenttypen: **Mikrotubuli, Mikrofilamente** und **intermediäre** Filamente

eukaryotische Geißeln

- von **Cytoplasmamembran** umgeben
- Aufbau aus Mikrotubuli (**9 + 2-Muster**)

Artenzahlen der Eukarya

- bisher über 1,5 Mio. beschrieben (Schätzungen: zwischen 3 und 30 Mio.)
- mindestens 69 000 Pilzarten, 248 000 Pflanzenarten und 1,2 Mio. Tierarten

2.2 Die Evolution frühesten Lebens

Entstehung der 3 Domänen des Lebens
- Einteilung der Organismen in **3 Domänen** durch **C. Woese** 1990
- beruht auf **Sequenzdaten** der **ribosomalen RNA** (16S- bzw. 18S-RNA)
- **Eukarya** und **Archaea** mit **gemeinsamem** Ursprung
- erklärt **nicht** die unterschiedliche Verteilung der Eigenschaften

 Hypothese der Prä-Zellen
- erstellt von **O. Kandler** (1993)
- Population unterschiedlicher **Prä-Zellen** als Ursprung aller heutigen Organismen
- Eigenschaften der Prä-Zellen: **selbst-reproduzierend**, **eigener Stoffwechsel**, **horizontaler Gentransfer**
- aus **unterschiedlichen Prä-Zell-Populationen** gingen die 3 Domänen hervor
- Erklärung für **zufällige Verteilung** der Eigenschaften und **Uniformität des genetischen Codes**

 Endosymbiontentheorie
- Entwicklung von **Mitochondrien** und **Chloroplasten** aus ursprünglich **selbstständigen Prokaryoten**
- diese wurden als **Endocytobionten** in Coevolution mit der Wirtszelle zu den heutigen **Organellen**
- Vorläufer der **Chloroplasten**: evtl. **Cyanobakterien** (enthalten wie die Plastiden von Pflanzen Chlorophyll a)

Mitochondrien und Plastiden stammen von endosymbiontischen Bakterien ab

☐ gelernt (Campbell S. 656)

 Wie man inzwischen nachweisen konnte, hat zwischen dem Genom der Mitochondrien, der Plastiden und des Zellkerns ein **Gentransfer** stattgefunden.

intertaxonische Kombination
- **Verschmelzung** völlig **verschiedener Genome** in einer Zelle
- z. B. durch die Etablierung einer **Procyte** als **Organelle** in einer frühen eukaryotischen Zelle

komplexe Plastiden
- Plastiden mit **2 oder mehr Hüllmembranen** bei vielen Algen
- hervorgegangen aus **eukaryotischen plastidenhaltigen Endocytobionten**

Nucleomorph

- **Zellkernrest** eines **Endocytobionten** bei manchen eukaryotischen Einzellern

Archezoa

- **einzellige Eukaryoten** mit membranumhülltem **Zellkern**, jedoch **ohne** Mitochondrien und Plastiden; z. B. Trichomonaden
- einige mit **2 haploiden** Kernen (Diplomonaden)
- **keine** Organellen oder **Hydrogenosomen**
- von Eukaryoten am engsten mit Prokaryoten verwandt

Hydrogenosomentheorie

- erstellt von **W. Martin** und **M. Müller** (1998)
- Entstehung der **Mitochondrien** aus Assoziation von anaerobem, wasserstoffabhängigem, **autotrophen Archaeon** und fakultativ anaerobem Bakterium
- z. T. Umbau zu **Hydrogenosomen** (Bildung von **ATP**, Freisetzung von **Wasserstoff** durch Hydrogenase)

2.3 Mikroskopie

Größenbereiche in der Biologie

	durchschnittlicher Größenbereich	Maximalgröße
Atome	0,1 nm	
Ribosomen	30 nm	
Viren	20–200 nm	
Bakterien	0,3–10 µm	bis 600 µm
einzellige Eukaryoten	5 µm – 1 mm	bis 30 cm
Pilzzellen	5 µm	bis 20 cm
tierische Zellen	8–20 µm	bis mehrere Meter
pflanzliche Zellen	20 µm – 0,3 mm	bis mehrere Meter

Mikroskope eröffnen Einblicke in das Innenleben der Zelle

(Campbell S. 130) gelernt ☐

Auflösungsvermögen
- **Abstand** zwischen 2 Punkten, die gerade noch als **getrennt** wahrgenommen werden können
- abhängig von: **Wellenlänge** des Lichts, **numerischer Apertur** des Linsensystems
- Auge ohne Hilfsmittel: 0,2 mm

Mikroskop-Typen

Typ	Bestandteile	Auflösungsvermögen
Lichtmikroskop	Lichtquelle, Kondensor, Objektiv, Okular	0,2 µm
Transmissions-Elektronen-mikroskop (TEM)	Elektronenstrahlquelle (Glühkathode, Anode), magnetische Linsensysteme (Kondensor, Objektiv, Projektiv)	0,1–2 nm (Darstellung kleinster Strukturen)
Raster-Elektronen-mikroskop (REM)	Elektronenstrahlquelle (Glühkathode, Anode), magnetische Linsensysteme (Kondensor, Objektiv), Strahldeflektor Rastergenerator, Detektor	5–10 nm (Darstellung dreidimensionaler Oberflächenstrukturen)

- beim **TEM** ist der Elektronenstrahl **fixiert**, beim **REM** tastet er das **dreidimensionale** Relief des Präparats ab
- für Elektronenmikroskopie vollständig **entwässerte Präparate** erforderlich
- für TEM **Ultradünnschnitte** erforderlich

Prinzipien lichtmikroskopischer Verfahren
- **Hellfeld**: geeignet für **gefärbte Präparate**, Lebendpräparate bieten kaum Kontrast
- **Phasenkontrast**: macht Unterschiede im Brechungsindex sichtbar
- **Differenzialinterferenzkontrast**: Strukturen mit geringen Dichteunterschieden erscheinen verstärkt hervorgehoben
- **Dunkelfeld**: nur an Präparatstrukturen gebeugtes Licht wird durchgeführt; diese erscheinen hell vor dunklem Hintergrund
- **Polarisationsmikroskopie**: lichtdrehende Objekte verändern die Schwingungsrichtung des polarisierten Lichtes
- **Fluoreszenzmikroskopie**: Lokalisierung von Molekülen in Zellen
  - **Epifluoreszenz**- und **konfokale Laser-Scanning-Mikroskopie** (CLSM)

Herstellung mikroskopischer Präparate

Erstellen eines histologischen Dauerpräparats

- **Fixierung** des Gewebes
- **Entwässerung** der Proben (meistens)
- **Einbettung** in (meist) wasserfreies, schneidbares Material (Wachse, Kunststoffe)
- **Schneiden** des Präparats
- evtl. **Färben** mit speziellen Farbstoffen, z. T. auch **Kontrastierung**
- Einbetten in **geeignetes Medium**
- evtl. zusätzlich Immunmarkierung, *in-situ*-Hybridisierung

Fixierung von Zellmaterial

- **chemische Fixierung**: mit **Alkohol** oder quervernetzenden Molekülen (**Formaldehyd**, **Glutardialdehyd**)
- **Kryofixierung**: Schockgefrieren in **flüssigem Stickstoff** oder **Propan**

Mikrotom

- Gerät zur Herstellung von **Dünnschnitten** für die mikroskopische Untersuchung von Zellpräparaten

Dünnschnitte	1–10 µm
Semidünnschnitte	100–500 nm
Ultradünnschnitte	30–50 nm

Gefrierbruchtechnik

- Verfahren zur Darstellung unterschiedlicher **Bruchebenen** intrazellulärer Kompartimente
- Schockgefrieren der Proben in **flüssigem Stickstoff**
- Brechen der gefrorene Blöcke mittels Messer

Veranschaulichen können Sie sich die Methode der Gefrierbruchtechnik anhand von Abbildung 8.3 in Campbells Biologie.
(Campbell S. 166) gelernt ☐

3. Biophysikalische Grundlagen der Biochemie

Für eine intensivere Beschäftigung mit der Herleitung der angeführten Gleichungen sei auf den Band Biochemie, Zellbiologie *aus der Reihe* Grundstudium Biologie *verwiesen.*

- **Biophysik**: Anwendung physikalischer Prinzipien auf biologische Fragestellungen

3.1 Die besondere Rolle des Wassers

Wasser
- Grundvoraussetzung für **Lebensprozesse**
- Anteil in Organismen: **70 %** und mehr

Struktur von Wasser (H_2O)
- **Dipol**: Molekül mit **entgegengesetzten** Teilladungen (Sauerstoff partiell negativ, Wasserstoff partiell positiv geladen)
- dadurch Ausbildung von **Wasserstoffbrücken-Bindungen** zwischen den Molekülen
- kann **dissoziiert** vorliegen (s. 3.3)

Zahl der Wasserstoffbrücken pro Wassermolekül:
- maximal **4** bei Eis (2 als Elektronenakzeptor, 2 als Donor)
- in flüssigem Wasser im Schnitt **3,4**

Die Polarität der Wassermoleküle führt zur Ausbildung von Wasserstoffbrücken

☐ *gelernt (Campbell S. 50)*

physikalische Eigenschaften von Wasser
- bedingt durch **Struktur** des Wassermoleküls
- **hoher** Schmelz- und Siedepunkt
- **hohe** Wärmekapazität und Verdampfungsenthalpie
- elektrische **Leitfähigkeit**
- **hohe** Dielektrizitätskonstante
- **Volumenausdehnung** beim Erstarren (durch regelmäßige Struktur; höchste Dichte bei + 4°C)
- **hohe** Oberflächenspannung und Kohäsion (durch Wasserstoffbrücken)

Kohäsion	Adhäsion
Zusammenhalt **innerhalb** eines Stoffes aufgrund der internen **zwischenmolekularen** Anziehungskräfte	Zusammenhalt **zweier unterschiedlicher** Stoffe aufgrund der Anziehungskräfte **zwischen** ihren Grenzschichten

Organismen sind auf die Kohäsion (gegenseitige Anziehung) von Wassermolekülen angewiesen

(Campbell S. 50) gelernt ☐

3.1.1 Wasser als Lösungsmittel

Wasser ist das Lösungsmittel des Lebens

(Campbell S. 54) gelernt ☐

Lösung
- **homogenes flüssiges Gemisch** aus 2 oder mehr Stoffen
- auflösender Bestandteil: **Lösungsmittel**
- gelöster Bestandteil: **Solut**
- **Molarität (mol/l)**: Zahl der gelösten Moleküle pro Liter Lösung
- **Wasser** ist ein **gutes Lösungsmittel**, weil es 4 Wasserstoffbrücken bilden kann

Substanzen in wässriger Lösung

hydrophile Substanzen	hydrophobe Substanzen	amphiphile Substanzen
wasserliebend: **polar**, in Wasser löslich	wassermeidend: **unpolar**, in Wasser unlöslich	auch **amphipathisch**, beides liebend: mit **polaren** und **unpolaren** Bereichen
bilden **Wasserstoffbrücken-Bindungen** zu Wasser (ionische Wechselwirkungen bei gelösten Salzen)	bilden **keine** Wasserstoffbrücken-Bindungen zu Wasser	polare Gruppen werden hydratisiert, unpolare lagern sich zusammen

Bei **amphipathischen Substanzen** kommt es durch Zusammenlagerung der unpolaren Gruppen zur Bildung von **Micellen** (innen rein apolar) oder **Doppelschichten** (umschließen wässrigen Raum, z. B. kugelförmige **Liposomen**; gleiches Prinzip bei **biologischen Lipidmembranen**). (s. auch Abb. 9.3)

Hydratation von Ionen

- **gelöste Ionen** werden von Wassermolekülen mit **Hydrathülle** umgeben
- Anlagerung über **Wasserstoffbrücken-Bindungen**
- **vermindert** elektrostatische Wechselwirkung zwischen Ionen
- **exothermer** Vorgang

Dielektrizitätskonstante

- für die **Abschirmung von Ionenladungen** entscheidende **spezifische Stoff-konstante** von Lösungsmitteln
- **gute Lösungsmittel** besitzen **hohe Dielektrizitätskonstante**

hydrophobe Wechselwirkungen

- bewirken **Aggregatbildung** zwischen **unpolaren Molekülen** bzw. Molekül-bereichen in wässriger Lösung durch **Verdrängung der Wassermoleküle**
- Antriebskraft: **erhöhte Entropie** der verdrängten Wassermoleküle
- z. B. bei Tertiär- und Quartärstruktur von Proteinen

3.1.2 Bedeutung von Wasser für das Leben

- Wasser wirkt als **Thermostat**
- schwimmende **Eisdecke** (leichter als Wasser) wirkt als **Wärmeisolator**
  → tieferes Wasser gefriert nicht
- **hohe Wärmekapazität**: Blut kann zum **Wärmetransport** dienen
- **hohe Verdampfungsenthalpie**: bei Hitze genutzt zum Erzeugen von **Verdunstungskälte** durch Schwitzen
- **hohe Kohäsion**: wichtig bei Pflanzen für Nährstofftransport durch **Transpirationssog**
- Wasser liefert **Wasserstoff** zur Reduktion von CO_2 in **Photosynthese**

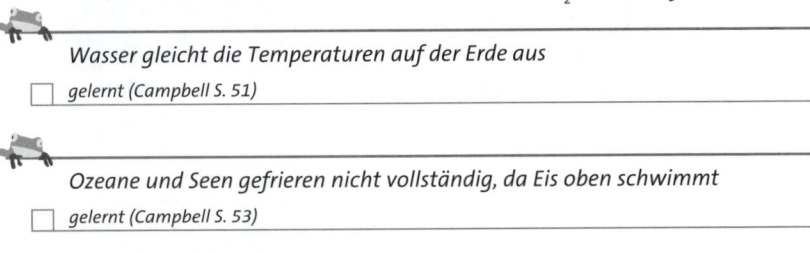

Wasser gleicht die Temperaturen auf der Erde aus

 gelernt (Campbell S. 51)

Ozeane und Seen gefrieren nicht vollständig, da Eis oben schwimmt

☐ *gelernt (Campbell S. 53)*

3.2 Gleichgewichte

! • **Reaktionen** laufen ab, bis sich ein **Gleichgewichtszustand** einstellt

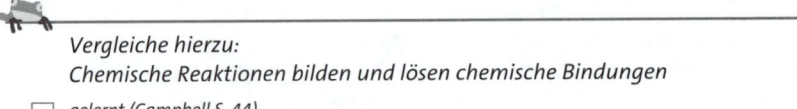

Vergleiche hierzu:
Chemische Reaktionen bilden und lösen chemische Bindungen

☐ *gelernt (Campbell S. 44)*

Gleichgewichtskonstante (Massenwirkungskonstante, K)

- konstante Größe für den **Gleichgewichtszustand** einer Reaktion
- abhängig von **Reaktionsgeschwindigkeiten** der Hin- und Rückreaktion
- **Quotient** aus: Produkt der Konzentrationen der **Endprodukte** und Produkt der Konzentrationen der **Ausgangsstoffe**
- $K = \dfrac{v_{hin}}{v_{rück}} = \dfrac{k_{hin}}{k_{rück}} = \dfrac{[C]^c\,[D]^d}{[A]^a\,[B]^b}$

dynamisches Gleichgewicht

- Zustand einer chemischen Reaktion bei **gleicher Geschwindigkeit** für Hin- und Rückreaktion
- Konzentrationen der **Ausgangsstoffe (Edukte, Reaktanden)** und **Produkte** bleiben **konstant**

Massenwirkungsgesetz

- beschreibt eine **Reaktion im Gleichgewichtszustand**
- dieser ist **unabhängig** von den **Ausgangskonzentrationen** der Reaktionspartner
- ebenfalls **unabhängig von Katalysatoren** (beschleunigen nur Erreichen des Gleichgewichts)

Fließgleichgewicht

- in **lebenden Zellen**: Aufrechterhaltung eines **Konzentrationsgradienten** zwischen Edukten und Produkten
- **verhindert Gleichgewichtseinstellung** durch **Entzug der Produkte** (Weiterverwendung) aus dem System

Löslichkeitsprodukt

- Produkt aus den **Konzentrationen der Ionen** eines Salzes in einer **gesättigten Lösung**
- **gelöste** Ionen stehen im **Gleichgewicht** mit **ungelösten**
- Lösung ist **gesättigt**, wenn Löslichkeitsprodukt erreicht ist
- $K\,[AB_2] = [A^{2+}]\,[B^-]^2 = L_{AB_2}$

3.3 Säuren, Basen und Puffer

Dissoziation von Wasser   **!**

- in reinem Wasser **dissoziieren** Wassermoleküle in **Protonen (H^+)** und **Hydroxidionen (OH^-)**
- freies **Proton** nicht stabil: lagert sich an weiteres Wassermolekül zu **Hydroniumion (H_3O^+)**
- Dissoziation ist **Gleichgewichtsreaktion**

Vergleiche hierzu die Einleitung des Teilkapitels „Die Dissoziation von Wassermolekülen" in Campbells Biologie.

(Campbell S. 56) gelernt ☐

Ionenprodukt des Wassers (K_w)

- **Gleichgewichtskonstante** für die **Dissoziation** von reinem Wasser bei einer **gegebenen Temperatur**
- entspricht dem Produkt aus der **H^+-** und der **OH^--Konzentration**
- $K_w = [H^+] [OH^-]$

pH-Wert
- **negativer dekadischer Logarithmus** der **Wasserstoffionenkonzentration**
- $pH = -\log_{10} [H^+]$
- Skala von **0–14**
- Erhöhung um 1 Einheit = **zehnfache** Erhöhung der H^+-Konzentration
- pH-Wert = 7: **neutrale Lösung**
- pH-Wert < 7: **saure Lösung**
- pH-Wert > 7: **alkalische** oder **basische Lösung**

Organismen reagieren empfindlich auf Änderungen des pH-Werts

☐ *gelernt (Campbell S. 56)*

3.3.1 Säuren und Basen

Säure	Base
Protonendonor: Substanz, die **H^+ abgibt**	**Protonenakzeptor**: Substanz, die **H^+ anlagern kann**
starke Säuren: dissoziieren in Wasser vollständig (z. B. HCl, H_2SO_4)	**schwache Basen**: dissoziieren in Wasser unvollständig (z. B. NH_4OH)
schwache Säuren: dissoziieren in Wasser unvollständig (z. B. organische Säuren)	**starke Basen**: dissoziieren in Wasser vollständig (z. B. NaOH, KOH)

- **konjugiertes Säure-Base-Paar**: Protonendonor und Protonenakzeptor in einer **wässrigen Lösung** (je stärker die Säure, desto schwächer die Base und umgekehrt)

- **mehrprotonige Säuren**: können mehrere Protonen abspalten (z. B. H_2SO_4)
- **Ampholyte**: können als **Protonendonor** und **-akzeptor** fungieren (z. B. Wasser)

Dissoziationskonstante (K_s)

- **Gleichgewichtskonstante** für die **Dissoziation einer Säure**
- **Quotient** aus: Produkt der Ionenkonzentrationen und Konzentration der undissoziierten Säure
- ermöglicht Aussage über **Stärke der Säure**
- $K_s = \dfrac{[A^-]\,[H_3O^+]}{[H_2O]} = K\,[H_2O]$

pK_s-Wert (pK_B-Wert)

- **negativer dekadischer Logarithmus** der **Dissoziationskonstante** einer Säure/Base
- $pK_s = -\log_{10} K_s$
- Maß für das **Bestreben** einer Säure, Protonen abzugeben (bzw. einer Base, Protonen anzulagern)
- bei **konjugiertem Säure-Base-Paar**: $pK_s + pK_B = 14$

Zwitterion

- Molekül, das **2 entgegengesetzt geladene** Gruppen enthält (z. B. bei Aminosäuren)

isoelektrischer Punkt

- pH-Wert, bei dem die **Nettoladung** eines Polyelektrolyten **= 0** ist
- liegt dann als **Zwitterion** vor

3.3.2 Puffer

- Lösungen, deren **pH-Wert** sich bei Zugabe geringer Mengen Säure (H^+) oder Basen (OH^--Ionen) **nicht** oder nur **geringfügig ändert**
- Gemisch aus **undissoziierter** (schwacher) **Säure** und **konjugierter Base** (in Salzform)
- **chemisches Gleichgewicht** dient als **pH-Regulator**

Pufferkapazität
- Fähigkeit einer Lösung, den **pH-Wert** in einem bestimmten Bereich **konstant zu halten**

Vergleiche hierzu auch den Abschnitt „Puffer" in Campbells Biologie.

(Campbell S. 58) gelernt ☐

Henderson-Hasselbalch-Gleichung

- $pH = pK_s - \log\dfrac{[HA]}{[A^-]}$ oder $pH = pK_s + \log\dfrac{[A-]}{[HA]}$
- definiert den **pH-Wert** einer Lösung als **Differenz** aus **pK_s** und **Logarithmus des Verhältnisses** von undissoziierter Säure zu konjugierter Base

- dient zur **Berechnung** des Verhältnisses von undissoziierter Säure und konjugierter Base bei bekanntem pH und pK_s
- **gleiche Konzentration**: am **Wendepunkt von Titrationskurven** (pH = pK_s)

> **!** **biologische Puffersysteme**
> - sorgen für **konstanten pH** → wichtig für Struktur und Funktion von Proteinen (v. a. Enzyme)
> - **Pufferung des Blutes**: bei ca. **pH 7,4**
>   - Puffer: **Hämoglobin, Serumproteine, Hydrogencarbonat, Phosphat**
> - **intrazelluläres Puffersystem**: bei ca. pH **6–7**
>   - Puffer: **Phosphate**, aber auch **Proteine**
>   - pH-Regulation durch **Na⁺-getriebene Ionenpumpen**

3.4 Physikalische Faktoren für den Stofftransport

3.4.1 Diffusion

> **!**
> - **Durchmischung** von miteinander in Kontakt stehenden Stoffen aufgrund der **Brown'schen Molekularbewegung**
> - beruht auf unterschiedlichem **chemischem Potenzial** → z. B. **Konzentrationsgefälle**
> - spontane Tendenz **beweglicher Teilchen**, sich **gleichmäßig** im Raum zu verteilen (aus Bereichen **höherer** in Bereiche **niedrigerer** Konzentration)
> - **Diffusionsrate** steigt mit zunehmender **Temperatur**

Brown'sche Molekularbewegung
- **ständige** und **unregelmäßige Bewegung** kleinster in Lösungen bzw. Aerosolen suspendierter **Partikel**
- beruht auf **dauernden Zusammenstößen** zwischen den suspendierten Partikeln und den Lösungsmittelmolekülen aufgrund der **Wärmebewegung**

Passiver Transport ist Diffusion von Teilchen durch eine Membran

☐ *gelernt (Campbell S. 170)*

1. Ficksches Diffusionsgesetz

- $J_x = -D\,A\,\left(\dfrac{\Delta c}{\Delta x}\right)$

- der **Teilchenfluss** (J_x) von Partikeln zwischen 2 benachbarten Lösungen ist proportional zur betrachteten **Kontaktfläche** (A) und dem **Konzentrationsgradienten**
- Proportionalitätskonstante: **Diffusionskoeffizient** (**D**) (Einheit: $m^2 s^{-1}$)

2. Ficksches Diffusionsgesetz

- betrachtet die **Diffusion** von Teilchen in Abhängigkeit von **Zeit** und zurückgelegter **Wegstrecke** (in freier Lösung, kein Konzentrationsgradient)

Beispiele für Diffusion bei Pflanzen und Tieren

- Diffusion von CO_2 über Spaltöffnungen in Interzellularraum
- Diffusion von O_2 durch Spaltöffnungen, Cuticula und Epidermis
- **Gasaustausch** bei Tieren über Kiemen oder Lungen
- **Wasseraufnahme** durch Wurzeln von Pflanzen
- **Nährstoffaufnahme** im Verdauungstrakt von Tieren

Für **Transport** über **längere Strecken** reicht Diffusion alleine nicht aus. Daher haben sich z. B. für den Nährstofftransport leistungsfähige **Transportsysteme** entwickelt wie der **Phloemtransport** bei Pflanzen oder der **Blutkreislauf** bei Tieren.

---

biologische Membranen und Diffusion (s. auch Kap. 9)

- Membran: aus **Lipiddoppelschicht** und **eingelagerten Proteinen**
- durch Lipidanteil **hydrophobe Innenschicht** → **Diffusionbarriere**
- **hydrophobe Moleküle** lösen sich in Membran und durchqueren sie so
- **semipermeabel**: durchlässig für **kleine hydrophile Moleküle** (Wasser, Harnstoff)
  - **nicht** durchlässig für **größere hydrophile Moleküle** und **Ionen**

- **laterale Diffusion**: Diffusion von **membranständigen Proteinen** oder **Lipidmolekülen** in der **Membran**
- **Permeabilitätskoeffizient**: Maß für die **Geschwindigkeit**, mit der ein gelöstes Teilchen von einer **wässrigen** in eine **hydrophobe** Phase eintritt (Einheit: cm s^{-1})

Der molekulare Aufbau einer Biomembran führt zu selektiver Permeabilität

(Campbell S. 170) gelernt ☐

3.4.2 Osmotische Erscheinungen

Osmose

- **Diffusion von Lösungsmittelmolekülen** durch eine **semipermeable Membran**, die 2 Lösungen unterschiedlicher Konzentration trennt
- Triebkraft: **chemisches Potenzial** des Lösungsmittels

Osmose ist der passive Transport von Wassermolekülen

(Campbell S. 172) gelernt ☐

osmotischer Druck

- durch Osmose verursachte **Druckdifferenz** zwischen 2 **unterschiedlich konzentrierten** Lösungen
- bedingt durch **höheres chemisches Potenzial** der Lösungsmittelmoleküle in der **verdünnten Lösung**
- gemessen durch **Osmometer** (einfachstes = **Pfeffer'sche Zelle** mit Steigrohr)
- bei **Trennung** von **Lösung** und **reinem Lösungsmittel** durch **semipermeable Membran** → Übertritt von Lösungsmittelmolekülen in die Lösung → **Druckanstieg**

van't Hoff-Gleichung

- dient zu Berechnung des **osmotischen Drucks**: $\Pi = c\,R\,T$
  (c = Konzentration der gelösten Substanz, R = allgemeine Gaskonstante, T = absolute Temperatur)
- osmotischer Druck einer **ideal verdünnten Lösung** ist proportional zur **Konzentration** der gelösten Substanz
- kann zur **Berechnung des Molekulargewichts** einer gelösten Substanz anhand des osmotischen Drucks verwendet werden

Osmolarität

- Summe der **Konzentrationen aller gelösten Teilchen** in einer Lösung
- direkt proportional zum **osmotischen Druck**

isoosmotische Lösungen

- Lösungen mit **gleichem osmotischem Druck**

Tonizität

- Anteil des osmotischen Druckes, der durch die **Undurchlässigkeit der Membran** für eine der gelösten Substanzen verursacht wird

hypotonische Lösung	mit **geringerer Tonizität** (Konzentration) gegenüber einer anderen
hypertonische Lösung	mit **höherer Tonizität** (Konzentration) gegenüber einer anderen
isotonische Lösungen	mit **identischer Tonizität** (Konzentration)

Das Überleben der Zelle hängt von einem ausgeglichenen Wasserhaushalt ab

☐ *gelernt (Campbell S. 172)*

Donnan-Verteilung (Donnan-Gleichgewicht)

- **Konzentrationsverhältnis** der **diffusiblen Ionen** von 2 Salzlösungen, die durch eine **Membran** (durchlässig für Salzionen und Wasser, nicht für Polyelektrolyte, z. B. Proteine) getrennt sind

- Produkt aus **Anionen- und Kationenkonzentration** ist in beiden Komparti-
  menten **identisch**
- im **Organismus** an folgenden **Grenzen**: Gewebezellen/interstitielle Flüs-
  sigkeit, interstitielle Flüssigkeit/Blutplasma, Blutplasma/Erythrocyten

kolloidosmotischer Druck
- durch Zusatz von **Makromolekülen** (**Kolloiden**) verursachte **osmotische
  Druckdifferenz** zwischen 2 Lösungen

Donnan-Potenzial
- durch **ungleichmäßige Ionenverteilung** zwischen 2 Kompartimenten
  verursachtes **Membranpotenzial**

3.4.3 Viskosität und Strömung in Kapillaren

Viskosität
- **Zähigkeit** einer Flüssigkeit oder eines Gases
- Maß für die **Kraft**, die nötig ist, um die **Moleküle** einer Flüssigkeit bzw.
  eines Gases gegeneinander zu **verschieben**
- wichtig für **Diffusion** der darin enthaltenen Teilchen und deren **Fließ-
  eigenschaften** (**rheologische Eigenschaften**)

laminare Flüssigkeit (Newtonsche Flüssigkeit)
- Flüssigkeit, bei der eine **laminare Strömung** vorliegt (fiktive Flüssigkeits-
  schichten, die sich parallel zueinander bewegen und sich nicht vermi-
  schen)
- **Strömungsgeschwindigkeit** steigt mit dem Radius der durchströmten
  Kapillare
- z. B. **Blutfluss** in Kapillaren, **Wasserfluss** in Xylemgefäßen
- in der Realität häufig Wirbelbildung → **turbulente Strömung** (mit gerin-
  gerer mittlerer Strömungsgeschwindigkeit)

dynamische Viskosität
- temperaturabhängige, stoffspezifische **Proportionalitätskonstante**
  (Einheit: Pa s; Pascalsekunde)

3.5 Thermodynamische Grundlagen

Organismen wandeln Energie um

(Campbell S. 104) gelernt ☐

*Die Energieumwandlungen der Lebensprozesse gehorchen zwei Gesetzen
der Thermodynamik*

(Campbell S. 105) gelernt ☐

! **Thermodynamik**
- **Wärmelehre**: befasst sich mit **Energieumwandlungen** in bestimmten Stoffmengen bzw. Wärmeumsätzen bei Arbeitsprozessen
- **keine** Aussage über **Reaktionsgeschwindigkeit**

1. Hauptsatz der Thermodynamik (Energieerhaltungssatz)
- die **Gesamtenergie** eines Systems ist **konstant**
- **alle Energieformen** sind **übertragbar** und **ineinander umwandelbar**, können aber weder erschaffen noch vernichtet werden
- **keine** Aussage über **Richtung** und **Effizienz** der Umwandlungen

Energie
- Fähigkeit eines Systems zum **Verrichten von Arbeit**
- Einheit. **Joule (J)**
- Energieformen: **mechanische**, **chemische**, **elektrische** und **Wärmeenergie**
- **innere Energie**: Energie, die ein **Körper** besitzt

Wirkungsgrad
- Maß für die **Effizienz** einer **Energieumwandlung**
- Quotient aus **geleisteter Arbeit** und **zugeführter Energie**

offene Systeme
- charakterisiert durch **Austausch** von **Materie** und **Energie** mit der **Umgebung**
- z. B. Zellen, lebende Organismen
- bei **Energiezufuhr** vergrößert sich innere Energie

! **Wärmeumsatz chemischer Reaktionen**

exotherme Reaktionen	endotherme Reaktionen
Reaktionen, bei denen **Wärme freigesetzt** wird	Reaktionen, bei denen das System **Wärme** aus der Umgebung **aufnimmt**

Enthalpie (H)
- **maximale Wärmemenge**, die ein System bei einer Reaktion unter **konstantem Druck aufnehmen** oder **abgegeben** kann
- entspricht **innerer Energie** bei konstantem Druck

! **2. Hauptsatz der Thermodynamik**
- die **Entropie** strebt einem **Maximum** zu
- bei jeder **Umwandlung** oder **Übertragung** von Energie nimmt die **Entropie** (Unordnung) des Universums zu
- **Energieformen** können nur zu gewissem Teil unter **Freisetzung von Wärme** ineinander **umgewandelt** werden
- Aussage darüber, ob eine Reaktion **spontan** abläuft

Entropie (S)

- Maß für den **Ordnungszustand eines Systems** (die Irreversibilität eines geschlossenen Systems)
- je **größer** die Entropie, umso **höher** ist die **Unordnung** eines Systems

freie Enthalpie (Energie) (G)

- Maß für die **Entropiezunahme** des Universums
- bestimmt nach der **Gibbs-Helmholtz-Gleichung** aus **Enthalpie**, **Entropie** und **Temperatur** eines Systems

---

Organismen leben von freier Energie, die sie ihrer Umgebung entziehen

(Campbell S. 107) gelernt ☐

Gibbs-Helmholtz-Gleichung

- $G = H - T\,S$
- beschreibt die Beziehung zwischen **freier Enthalpie**, **Enthalpie** und **Entropie** eines Systems bei **konstanter Temperatur**
- verknüpft die beiden Hauptsätze der Thermodynamik
- **Änderung der freien Enthalpie:** $\Delta G = \Delta H - T\,\Delta S$

Spontaneität chemischer Reaktionen	!
exergonische Reaktionen	**endergonische Reaktionen**
laufen **spontan** ab	laufen **nicht spontan** ab → müssen zum Ablauf mit exergonischen Reaktionen **gekoppelt** werden
$\Delta G < 0$	$\Delta G > 0$

chemisches Potenzial

- **freie Enthalpie** einer Substanz bezogen auf **1 Mol**
- Maß für die **Arbeitsleistung**, zu der 1 Mol Substanz fähig ist

Standardbildungsenthalpie

- **Änderung** der **freien Enthalpie** bei der **Bildung einer Substanz** aus ihren Elementen unter **Standardbedingungen**

Standardbedingungen

- **physikalische**: Temperatur T = 298 K (25 °C); Druck p = 100 kPa (1 bar)
- **biologische**: pH = 7
- **Standardkonzentration**: 1 mol/l
- gekennzeichnet durch „⁰"; biologische Standardbedingungen durch „⁰'"

Änderung der freien Enthalpie unter Nicht-Standardbedingungen

- in der Natur **keine** Standardbedingungen
- abhängig von **Konzentrationen der Reaktionspartner** und **Temperatur**

gekoppelte Reaktionen
- **Energiekopplung**: Verwendung der Energie eines **exergonischen** Vorgangs zum **Antrieb** eines **endergonischen**
- manche Reaktionen unter physiologischen Bedingungen **endergonisch**
- Bereitstellung von Energie durch **energiereiche Verbindungen** (s. Kap. 8) – meist **ATP**

ATP treibt die zelluläre Arbeit an, indem es exergonische und endergonische Teilreaktionen koppelt

☐ *gelernt (Campbell S. 111)*

3.6 Elektrochemie

3.6.1 Redoxreaktionen

- Reaktionen, bei denen **Elektronen** von einer Substanz auf eine andere **übertragen** werden
- Kopplung einer **Oxidation (Elektronenabgabe)** mit einer **Reduktion (Elektronenaufnahme)**
- allgemeine Redox-Halbreaktion: $n\ ½\ H_2 + Ox \rightleftarrows Red + n\ H^+$

Redoxreaktionen liefern Energie, indem Elektronen auf elektronegative Atome übergehen

☐ *gelernt (Campbell S. 186)*

konjugiertes Redoxpaar
- Elektronen **abgebende** und Elektronen **aufnehmende** Substanzen bei einer **Redoxreaktion**

Redoxpotenzial (E)
- Maß für die **Elektronenaffinität** einer Substanz
- **Elektronfluss** erfolgt in Richtung des **positiveren Redoxpotenzials**
- Messung in **elektrochemischer Zelle**: an **Anode** erfolgt Oxidation, an **Kathode** Reduktion
- ist abhängig vom **pH-Wert**: Erniedrigung des pH bewirkt Erniedrigung des Redoxpotenzials

elektromotorische Kraft (EMK)
- **Potenzialdifferenz** (ΔE) zwischen 2 Redoxpaaren mit **unterschiedlichem Redoxpotenzial**
- gemessen in **Volt**

Standardredoxpotenzial (E⁰)

- **Potenzialdifferenz** eines Redoxpaares gegenüber der **Normalwasserstoff-elektrode** unter Normalbedingungen
- Reaktion an **Normalwasserstoffelektrode**: $2\ H^+ + 2\ e^- \rightleftarrows H_2$ (Redoxpotenzial = 0)

Nernst-Gleichung

- zur Berechnung des **Redoxpotenzials** eines Redoxpaares mit **bekanntem Standardredoxpotenzial** unter **Nicht-Standardbedingungen** aus den Konzentrationen von oxidierter und reduzierter Substanz:

$$E = E_0 + \frac{RT}{n_eF} \ln \frac{C_{ox}}{C_{red}}$$

n_e = Anzahl der übertragenen Elektronen (mol)
F = Faraday-Konstante (96,5 kJ V⁻1 mol⁻1)
C_{red} = Konzentration der reduzierten Form des Redoxpaares
C_{ox} = Konzentration der oxidierten Form des Redoxpaares

- **Redoxpotenzial** eines Redoxpaares **steigt** mit **Konzentration** der **oxidierten Form**

3.6.2 Elektrochemisches und Membranpotenzial

elektrochemisches Potenzial (µ*)

- **Potenzialdifferenz** über einer **Membran**
- verursacht durch **Konzentrations-** und **Ladungsunterschiede**
- setzt sich zusammen aus **chemischem** und **elektrischem Potenzial**

Membranpotenzial

- **Potenzialdifferenz** über einer **Membran** im **Gleichgewichtszustand**
- in **eukaryotischen** Zellen v. a. **Na⁺-, K⁺-** und **Cl⁻-Ionen** beteiligt → Zellmembranen mit ATP-getriebener **Na⁺/K⁺-Pumpe**

Jede Zelle hat eine Spannung – das Membranpotenzial – über ihrer Plasmamembran

(Campbell S. 1228) gelernt ☐

Manche Ionenpumpen erzeugen an der Membran ein elektrisches Potenzial

(Campbell S. 175) gelernt ☐

chemiosmotische Theorie (s. auch Kap. 8)

- **Kopplung** des **elektrochemischen Protonengradienten** zwischen Innen- und Außenseite der Membran mit **ATP-Synthese**

protonenmotorische Kraft (PMK) (s. auch Kap. 8)

- **Arbeitspotenzial** des **Protonengradienten**

Siehe hierzu auch den Abschnitt „Chemiosmose: Der Mechanismus der Energiekopplung" in Campbells Biologie.

☐ *gelernt (Campbell S. 197)*

3.7 Licht und Leben

Licht (Abb. 3.1)
- wichtige direkte oder indirekte **Energiequelle**
- wird in Reaktionen der **Photosynthese** in **chemische Energie** umgewandelt
- **elektromagnetische Wellen**
- für Menschen **sichtbares Licht**: Wellenlängen (λ) von 380–780 nm

Vergleiche hierzu auch den Abschnitt „Die Eigenschaften des Sonnenlichts" in Campbells Biologie.

☐ *gelernt (Campbell S. 215)*

elektromagnetische Wellen
- **transversale Wellen** (Schwingungsrichtung der elektrischen bzw. magnetischen Komponenten senkrecht durch Ausbreitungsrichtung)
- Beschreibung durch **Wellen-** oder **Teilchenmodell (Photonenmodell)**

 Bei **Schallwellen** handelt es sich hingegen um **longitudinale Wellen**: Die Schwingungen erfolgen in Richtung der Ausbreitung.

Lichtenergie
- Abgabe in diskreten **Quanten (Photonen)**
- **E = h ν**
  (E = Lichtenergie, ν = Frequenz der Strahlung, h = Planck-Konstante)

Lichtdrehung
- **optisch aktive Substanzen**: können Schwingungsebene von linear polarisiertem Licht drehen
  - mit **Asymmetriezentrum (Chiralitätszentrum)** in der Molekülstruktur

3.7.1 Lichtabsorption
- bei Lichtabsorption werden **Elektronen** von Molekülen auf höheres **Energieniveau** gebracht → vom **Grundzustand** in den **angeregten Zustand**
- ergibt **Bandenspektren**

Chromophore
- **Licht absorbierende** Strukturen in Molekülen
- z. B. **konjugierte Doppelbindungen** in **Chlorophyllen** und **Carotinoiden**

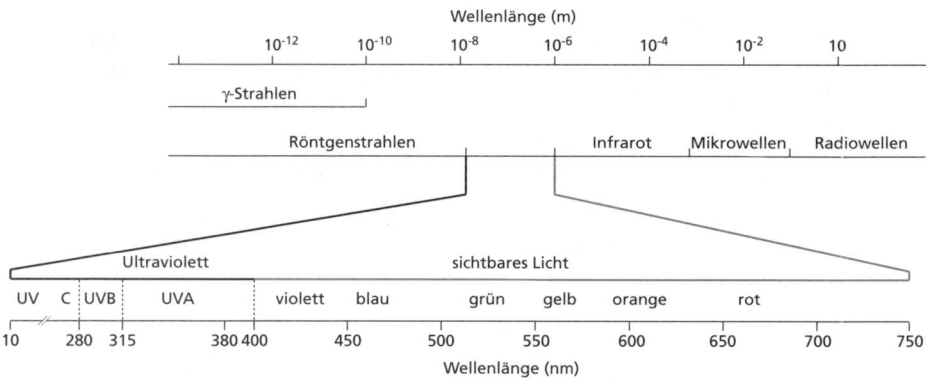

Abb. 3.1: Das Spektrum elektromagnetischer Strahlen.

Siehe hierzu auch den Abschnitt „Anregung des Chlorophylls durch Licht" in Campbells Biologie.

(Campbell S. 217) gelernt ☐

Möglichkeiten des Übergangs eines angeregten Moleküls in den Grundzustand

interne Konversion	– Umwandlung der absorbierten Lichtenergie in **kinetische** Energie → **Wärme**
Fluoreszenz	– Abstrahlung von Photonen **größerer Wellenlänge** → Strahlung ist **energieärmer** als die absorbierte (z. B. bei Chlorphyll) – Übergang vom 1. Singulett- in den Grundzustand
Systemübergang	– Änderung des **elektronischen Zustands** (vom 1. Singulett- in den 1. Triplettzustand)
Phosphoreszenz	– Abstrahlung von Photonen **größerer Wellenlänge** → Strahlung ist energieärmer als Fluoreszenzstrahlung und zeitlich verzögert – Übergang vom 1. Triplett- in den Grundzustand
Resonanzenergie-Transfer (Excitonen-Transfer)	– **Übertragung** der Anregungsenergie auf ein **benachbartes Molekül** (wichtig bei Antennenpigmenten und Lichtsammelkomplexen der Photosynthese)
photochemische Reaktion	– lichtgetriebene Reaktion, z. B. **Photooxidation** (Oxidation des angeregten Moleküls), **Isomerisierung** (Umorientierung chemischer Bindungen)

• meist mehrere der Vorgänge beteiligt

Spektrum (Abb. 3.1)

- Auftragung der von einer Substanz **absorbierten** bzw. **emittierten Strah-lungsmenge** gegen einen **elektromagnetischen Parameter** (z. B. Wellen-länge)

Extinktion (E$_\lambda$)

- Ausmaß der **Strahlungsabsorption** durch ein Molekül bei einer bestimm-ten **Wellenlänge**

Lambert-Beersches Gesetz

- $E_\lambda = \log \dfrac{I_0}{I} = \varepsilon_\lambda \, c \, d$

  I_0 = Intensität des einfallenden Lichts
  I = Intensität des Lichts nach Durchlaufen der Lösung
- beschreibt die **Abhängigkeit der Extinktion** (E$_\lambda$) von der **Konzentration** der absorbierenden Substanz (c) und der **Schichtdicke** (d) der Messküvette
- die **Extinktion** ist **direkt proportional** zur Konzentration und Schichtdicke
- Proportionalitätskonstante: **molarer Extinktionskoeffizient** (ε_λ, stoffspezi-fische Konstante für die Extinktion; Einheit: mol/l)

Transmission

- **Durchlässigkeit**: Anteil des Lichtes, der eine Probe durchdringt

---

 Messung der Lichtabsorption

- genutzt zur **Konzentrationsbestimmung**
- Messgerät: **Spektralphotometer (Photometer)**
- z. B. **Bestimmung des Proteingehalts** einer Lösung durch Messung der **Absorption bei 280 nm** (Absorptionsmaximum von Tyrosin und Tryp-tophan)

Kolorimetrie

- **Konzentrationsbestimmung** eines Licht absorbierenden Stoffes in Lösung
- erfolgt durch **Vergleichsmessung** mit Probe bekannter Konzentration
- Messgerät: **Kolorimeter**

---

4. Biologische Makromoleküle – Bau und Eigenschaften

4.1 Aufbau und Zusammenhalt von Makromolekülen

Die meisten Makromoleküle sind Polymere

(Campbell S. 76) gelernt ☐

Eine immense Vielfalt von Polymeren kann aus einem kleinen Satz Monomere gebildet werden

(Campbell S. 77) gelernt ☐

Familien kleiner organischer Moleküle
- **Grundbausteine** der **Zellsubstanz**
- einfache **Zucker, Fettsäuren, Aminosäuren** und **Nucleotide**

Makromoleküle
- Moleküle mit einer **Molekularmasse** von mindestens **einigen Tausend Dalton** (5000 bis über 10^6)
- **Polymere** aus zahlreichen Grundbausteinen (**Monomeren**):
  - **Proteine** (s. Kap. 5) aus Aminosäuren
  - **Polysaccharide** (polymere Kohlenhydrate) aus einfachen Zuckern
  - **Nucleinsäuren** aus Nucleotiden
- **Verknüpfung** der Monomere durch **Kondensationsreaktion** (**Dehydratisierung**, Abspaltung von **Wasser**)
- **Spaltung** der Polymere durch **Hydrolyse** (Wasseranlagerung)

Die aus **Fettsäuren** aufgebauten **Lipide** werden **nicht** zu den Makromolekülen gerechnet, weil ihre Molekularmasse nur 750–1500 Dalton beträgt. Sie können sich allerdings nicht-kovalent zu Strukturen zusammenlagern.

Dalton
- Einheit der **Atommasse**
- entspricht **1/12** der Masse des **Nuklids ^{12}C**

4.1.1 Bindungstypen innerhalb von und zwischen Makromolekülen

> **!** **Bindungstypen**
> - **kovalente Bindungen**: stabile Bindung zwischen **2 Atomen**
> - **nicht-kovalente Bindungen**: stabilisieren **räumliche Struktur** von
>   Makromolekülen → Ionenbindungen, Wasserstoffbrücken, van-der-
>   Waals'sche Bindungen

kovalente Bindungen
- auch **Elektronenpaarbindungen**: Elektronenorbitale überlappen und
  bilden **gemeinsames Molekülorbital**
- verknüpfen Kohlenstoff, Wasserstoff, Stickstoff, Sauerstoff, Phosphor
  und/oder Schwefel **innerhalb der Ketten**
- Einfach-, Doppel- oder Dreifachbindungen
- z. T. polar

nicht-kovalente Bindungen
a) ionische Wechselwirkungen (Ionenbindungen)
- **Anziehung** zwischen 2 Atomen mit **stark unterschiedlicher Elektro-
  negativität**
- dabei kommt es zur **Übertragung** von einem oder mehreren **Elektronen**
- negativ geladenes Atom = **Anion**, positiv geladenes = **Kation**
- Produkt = **ionische Verbindung** oder **Salz**
b) Wasserstoffbrücken
- **Anziehung** zwischen **Atom** mit **freiem Elektronenpaar** und einem
  H-Atom, das durch kovalente Bindung an ein elektronegatives Atom
  polarisiert ist
- können **innerhalb** von oder **zwischen Molekülen** auftreten
- Molekülgruppe mit freiem Elektronenpaar: **Wasserstoff-Akzeptor**
- Wasserstoff tragende Gruppe: **Wasserstoff-Donor**: z. B. Hydroxyl-,
  Amino- oder Thiolgruppe
c) van-der-Waals-Kräfte (van-der-Waals'sche Bindungen)
- Wechselwirkungen zwischen **ungeladenen Molekülen** (polar oder
  unpolar)
- **Dipol-Dipol-Wechselwirkung**: **elektrostatische** Anziehung zwischen
  2 Dipolen
- **Dispersions-Wechselwirkung (London-Wechselwirkung)**: Anziehung
  zwischen 2 **unpolaren** Molekülen (momentanen Dipolen)
- **van-der-Waals-Radius**: optimaler Atomabstand für van-der-Waals-
  Anziehung → bei **Unterschreitung**: **Abstoßung** durch elektrostatische
  Wechselwirkungen

Atome vereinigen sich über starke chemische Bindungen zu Molekülen

☐ gelernt (Campbell S. 39)

*Schwache chemische Bindungen spielen in der Chemie des Lebens eine
wichtige Rolle*

(Campbell S. 42) gelernt ☐

anorganische Komplexe

- auch **Koordinationsverbindung**: bestehend aus **Zentralatom**, umlagert
  von mehreren **Liganden** (Moleküle oder Ionen)
- Zentralatom: **Metallatom** oder **Metallion**
- **Chelate**: Komplexe, bei denen Liganden mehrere Koordinationsverbin-
  dungen mit 1 Zentralatom eingehen (z. B. Häm, Chlorophyll)

4.2 Kohlenhydrate

- Naturstoffklasse der **Zucker** und **Zuckerderivate**   **!**
- **häufigste Biomoleküle** der Erde
- Energiespeicher und -lieferanten: **Speicherstoffe, Brennstoffe, Meta-
  bolite**
- Bestandteile von **Nucleinsäuren, Gerüst-** und **Stützsubstanzen**

4.2.1 Monosaccharide (Abb. 4.1)

- **Polyhydroxyaldehyde** oder **Polyhydroxyketone**:   **!**
  - **Aldosen**: primäre Hydroxylgruppe oxidiert (Abb. 4.1A)
  - **Ketosen**: sekundäre Hydroxylgruppe oxidiert (Abb. 4.1A)
- allgemeine Summenformel: $C_n(H_2O)_n$
- Bezeichnung nach **Anzahl der Kohlenstoffatome**: **Triosen** (3 C-Atome),
  Tetrosen (4), **Pentosen** (5), **Hexosen** (6), **Heptosen** (7)
- **kleinste** Monosaccharide: **Glycerinaldehyd** und **Dihydroxyaceton**
  (Abb. 4.1B)
- Glycerinaldehyd mit **asymmetrischem C-Atom** → **2 Enantiomere**
  (Stereoisomere): D- bzw. L-**Glycerinaldehyd** (Abb. 4.1B)
- meiste natürlich vorkommende Zucker gehören zur D-**Reihe**

*Zucker, die kleinsten Kohlenhydrate, dienen als Betriebsstoff und Kohlen-
stoffquelle*

(Campbell S. 77) gelernt ☐

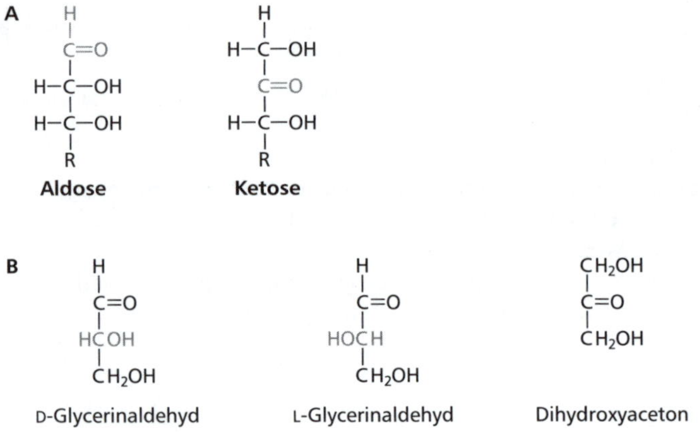

A

Aldose   Ketose

B

D-Glycerinaldehyd   L-Glycerinaldehyd   Dihydroxyaceton

Abb. 4.1: (A) Allgemeine Formel für Aldosen und Ketosen. Einfachster Rest (R) ist ein H-Atom. Verlängerung der Ketten um jeweils eine HCOH-Einheit. (B) Die einfachsten Triosen: Glycerinaldehyd (D- und L-Form) und Dihydroxyaceton.

Beispiele für natürlich vorkommende Aldosen und Ketosen

	Aldosen	Ketosen
Triosen	D-Glycerinaldehyd	Dihydroxyaceton
Tetrosen	D-Erythrose	D-Erythrulose
Pentosen	D-Ribose D-Arabinose D-Xylose	D-Ribulose
Hexosen	D-Glucose D-Mannose D-Galactose	D-Fructose

Hemiacetale und Hemiketale (Halbacetale und Halbketale) (Abb. 4.2)

- **nucleophile Addition** der **Hydroxylgruppe** eines Alkohols an die **Aldehyd-** bzw. **Ketogruppe**
- intramolekular: **Ringbildung** von Aldopentosen, Aldohexosen oder Keto-hexosen zu **Furanose-** bzw. **Pyranoseringen**
- bei **Ringbildung** entsteht neues **chirales Zentrum** (**anomeres C-Atom**, gekennzeichnet durch *)
- **α-Form**: Hydroxylgruppe am anomeren C-Atom **unterhalb** von Ringebene
- **β-Form**: Hydroxylgruppe am anomeren C-Atom **oberhalb** von Ringebene

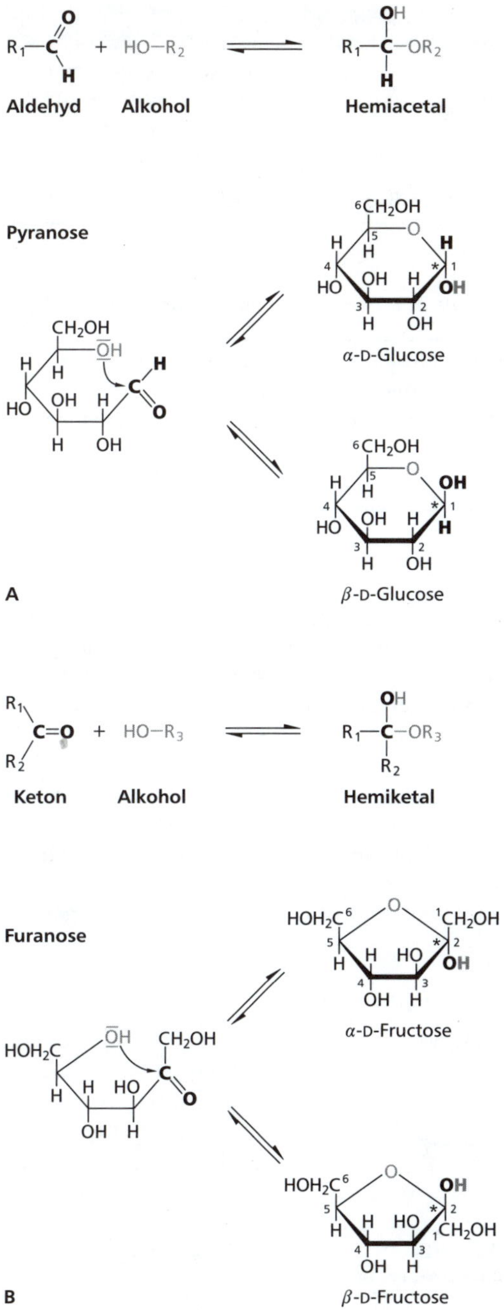

Abb. 4.2: Hemiacetale und Hemiketale.
(A) Bildung einer Pyranose unter Ausbildung eines Hemiacetals; (B) Bildung einer Furanose unter Ausbildung eines Hemiketals (jeweils in α- und β-Form; * = neues Chiralitätszentrum).

Pyranosen (Abb. 4.2A)	Furanosen (Abb. 4.2B)
6er-Ringe durch Reaktion der Aldehydgruppe an C1 mit Hydroxylgruppe an C5	**5er-Ringe** durch Reaktion der Aldehydgruppe an C1 mit Hydroxylgruppe an C4 – oder durch Reaktion der Ketogruppe an C2 mit der Hydroxylgruppe an C5
z. B. α- und β-ᴅ-Glucose	z. B. α- und β-ᴅ-Fructose

Mutarotation
- **Umwandlung** der Hemiacetale in wässriger Lösung über offene Kettenform

- Vorliegen von **Glucose** im **Gleichgewichtszustand**: 34 % α-ᴅ-Glucose, 63 % β-ᴅ-Glucose und 3 % in offener Kettenform
- die **β-Form** ist **thermodynamisch stabiler**, weil alle Hydroxylgruppen äquatorial liegen

Nachweis reduzierender Zucker
- in wässriger Lösung in **offener Kettenform**: besitzen **freie Aldehyd-** oder **Ketogruppe**
- mittels **Fehling-Reaktion** (zweiwertige Kupferionen als Oxidationsmittel): **Ausfällung von rotem Kupferoxid** aus blauer Kupfersalzlösung
- mittels **Tollens-Reagenz** (ammoniakalische Silberlösung als Oxidationsmittel): **Ausfällung von Silber (Silberspiegel)** bei Reduktion durch Aldehyde

Darstellungen zyklischer Monosaccharide (Abb. 4.3)
- **Fischer-Projektion**: Bindungspartner links und rechts von Kette
- **Haworth-Schreibweise**: Ringebene (**äquatoriale Bindungen**) mit **axialen** Bindungspartnern oberhalb und unterhalb
- **Sesselkonformation**: energetisch begünstigte, relativ wirklichkeitsgetreue Form

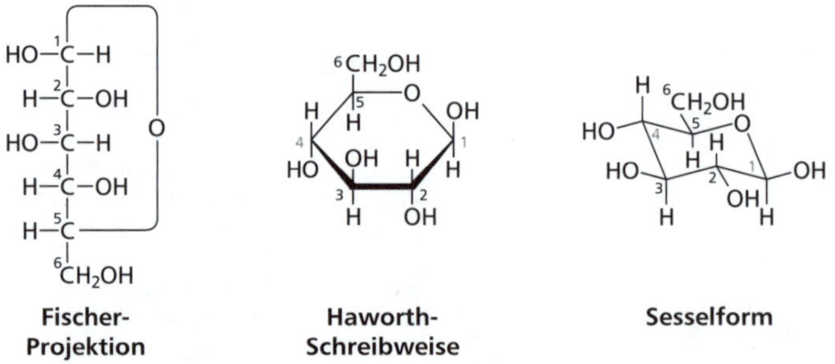

Abb. 4.3: Darstellungsformen zyklischer Monosaccharide.

4.2.2 Oligo- und Polysaccharide

O-glykosidische Bindung (Abb. 4.4)   **!**
- Reaktion der **Hydroxylgruppe** eines **Halbacetals** oder **Halbketals** mit der **Hydroxylgruppe** eines **anderen Zuckers** unter **Wasserabspaltung** (Dehydratisierung)
- dabei entsteht **Vollacetal → Disaccharid**

N-glykosidische Bindung
- Reaktion der **Hydroxylgruppe** eines **Halbacetals** mit einer **NH-Gruppe** unter **Wasserabspaltung**
- findet sich z. B. in **Nucleotiden** zwischen Base und Zucker

Disaccharide (Abb. 4.4)
- bestehen aus **2 Monosacchariden** mit **O-glykosidischer** Verknüpfung
- nach Position der Hydroxylgruppe an C1 (unter oder über der Ringebene) Unterscheidung von **α1→4- oder β1→4-glykosidischer Verknüpfung**
- zweite Halbacetalgruppe bleibt frei für weitere glykosidische Bindung
- **Saccharose**: aus Glucose und Fructose
- **Lactose**: aus Galactose und Glucose
- **Maltose**: aus Glucose und Glucose

Oligosaccharide
- Zucker aus **mehr als 2** Monosacchariden (3 = Trisaccharide)

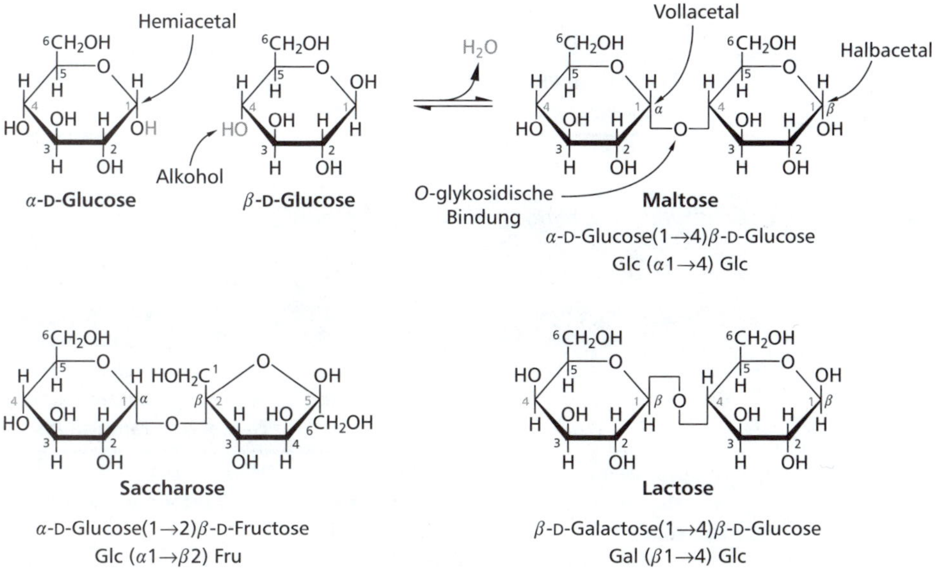

Abb. 4.4: Bildung einer O-glykosidischen Bindung und in der Natur häufige Disaccharide.

Polysaccharide
- **hoch molekulare Ketten** aus Monosacchariden
- **verzweigt** oder **unverzweigt**
- **Homoglykane**: nur **1 Monosaccharid** als Baustein
- **Heteroglykane**: aus **verschiedenen** Monosacchariden
- **Glykokonjugate**: Verbindungen aus Polysacchariden und anderen chemischen Komponenten (Lipide, Proteine)
- **Funktionen**: Reservestoffe, Strukturbildner

Polysaccharide, die Polymere von Zuckern, dienen als Energiespeicher und Baumaterial

☐ *gelernt (Campbell S. 79)*

! **Reserve- oder Speicherpolysaccharide** (Abb. 4.5A)
- **α1→4-glykosidische Bindung** (Glucosereste)
- **schraubenförmige** Anordnung
- z. T. mit **Verzweigungen**: **α1→6-glykosidische Bindungen**

Stärke (Abb. 4.5A)	Glykogen
Gemisch aus: – **Amylose**: 250–1000 Glucosereste, **unverzweigt** – **Amylopektin**: bis zu 5000 Glucosereste, **Verzweigungen** nach 20–30 Glucoseresten	– bis zu 100 000 Glucosereste, **Verzweigungen** nach 10–12 Glucoseresten
Reservestoff von **Pflanzen**, manchen **Algen**	Reservestoff von **Tieren**, manchen **Bakterien**

! **Strukturpolysaccharide (Gerüst-Polysaccharide)** (Abb. 4.5B)
- **β1→4-glykosidische Bindung**
- **lineare** Anordnung

Cellulose (Abb. 4.5B)	Chitin (Abb. 4.5B)	Murein (Peptidoglykan)
Homoglykan aus **Glucose**	Homoglykan aus **N-Acetylglucosamin**	Heteroglykan aus **N-Acetylglucosamin** und **N-Acetylmuraminsäure**
Hauptbestandteil **pflanzlicher Zellwände**	**Zellwände** von **Pilzen** und manchen **Algen**, Hauptbestandteil des **Exoskeletts** von **Arthropoden**	Hauptbestandteil der **Bakterienzellwand**

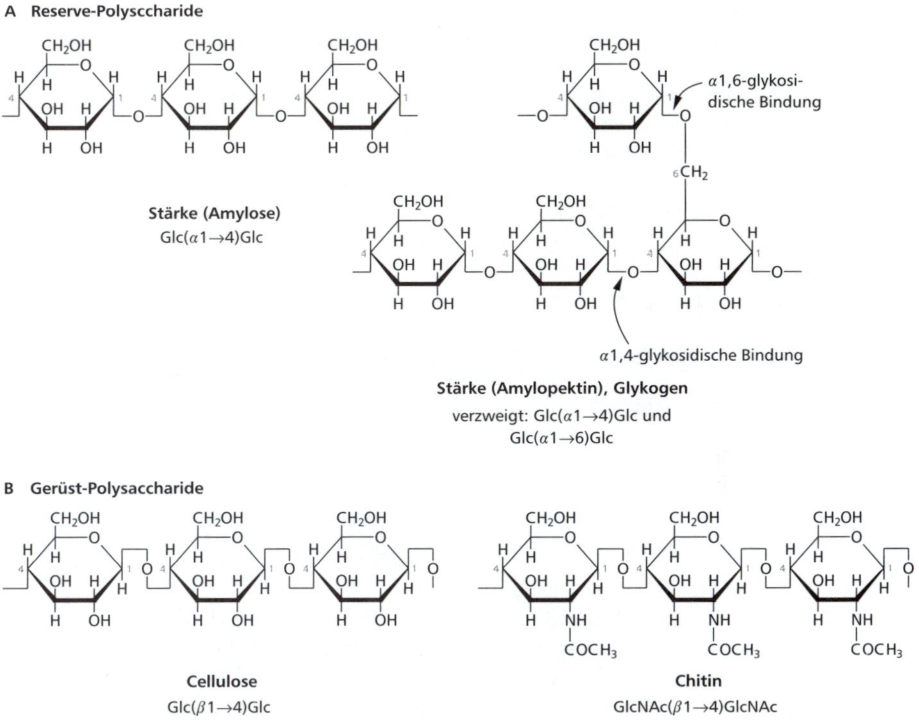

A   Reserve-Polysccharide

Stärke (Amylose)
Glc(α1→4)Glc

α1,6-glykosi-
dische Bindung

α1,4-glykosidische Bindung

Stärke (Amylopektin), Glykogen

verzweigt: Glc(α1→4)Glc und
Glc(α1→6)Glc

B   Gerüst-Polysaccharide

Cellulose
Glc(β1→4)Glc

Chitin
GlcNAc(β1→4)GlcNAc

Abb. 4.5: Beispiele für Reserve- und Strukturpolysaccharide. (A) Stärke (Amylose und Amylopektin und Glykogen), (B) Cellulose und Chitin.

Cellulose ist die häufigste organische Verbindung auf der Erde. Die Pflanzen synthetisieren jährlich 10^{15} kg.

Glykokonjugate
a) Glykoproteine
- **Polypeptidketten** mit **Oligosaccharid-Seitenketten**
- bei Eukaryoten praktisch alle **sekretorischen Proteine** glykosyliert
- wichtige Funktion im **Zellstoffwechsel**, bei **Erkennungsvorgängen** und als **Membranbestandteile**
- z. B. **Plasmaproteine** im Blut

b) Proteoglykane
- lange **Polymere** aus **Disaccharideinheiten**, gebunden an **Proteine**
- v. a. **Gerüstsubstanzen** von Tieren → Bestandteile der **extrazellulären Matrix** (Knorpel!)

c) Glykolipide
- **Lipide** mit kovalent gebundenen **Oligosaccharidketten**
- wichtige **Membranbestandteile**

Lektine
- **kohlenhydratbindende Proteine** → **erkennen** spezifische Kohlenhydrat-strukturen
- entdeckt bei **Pflanzen** und früher als **Phytoagglutinine** bezeichnet
- möglicherweise **Schutzfunktion** gegen Parasiten
- kommen auch bei **Tieren** vor (z. B. manche Zelladhäsionsmoleküle, außerdem im ER als Hilfsproteine für korrekte Faltung und Glykosylierung anderer Proteine)

4.3 Nucleinsäuren

- **Polynucleotide** in 2 Klassen (mit unterschiedlichen Bausteinen)

a) DNA (Desoxyribonucleinsäure)
- meist als **Doppelhelix**
- v. a. **Speicher** der **genetischen Information** → gesamte DNA einer Zelle = **Genom**
- assoziiert mit **Proteinen**, außerdem bei Transkription oder als Primer bei Replikation vorübergehend mit **RNA**

b) RNA (Ribonucleinsäure)
- meist **einzelsträngig**, manche Abschnitte doppelsträngig
- v. a. **Überträger** der **genetischen Information** (bei RNA-Viren auch Speicher)
- verschiedene Typen mit unterschiedlicher Funktion
- **Boten-** oder **Messenger-RNA (mRNA)**: Abschrift der DNA (**Matrize**) für die Proteinsynthese
- **ribosomale RNA (rRNA)**: struktureller und katalytischer Bestandteil der **Ribosomen**
- **Transfer-RNA (tRNA)**: Adaptermolekül zwischen **mRNA** und **Aminosäure** → transferiert bei Proteinsynthese Aminosäure zum Ribosom bzw. auf wachsende Polypeptidkette
- bei **Eukaryoten** weitere **kleine RNA-Moleküle**

Nucleinsäuren speichern und übertragen die Erbinformation

☐ *gelernt (Campbell S. 97)*

DNA-Doppelhelix (Abb. 4.6)
- aus **gegenläufigen** DNA-Strängen, zusammengehalten durch **Wasserstoffbrücken**
- verschiedene Typen mit unterschiedlichen Dimensionen
- **B-DNA**: rechtsgängig, am **häufigsten**
- **A-DNA**: rechtsgängig, in **Bakteriensporen** und **DNA/RNA-Hybriden**
- **Z-DNA**: linksgängig, in **Polymeren** mit abwechselnden Purin- und Pyrimidinbasen

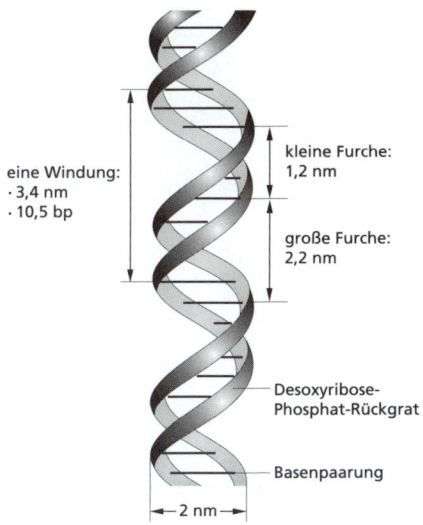

eine Windung:
· 3,4 nm
· 10,5 bp

kleine Furche:
1,2 nm

große Furche:
2,2 nm

Desoxyribose-
Phosphat-Rückgrat

Basenpaarung

←2 nm→

Abb. 4.6: Abschnitt der DNA-Doppelhelix (rechtsgängige B-DNA mit Dimensionen). Zusammenhalt der gegenläufigen Ketten über Wasserstoffbrücken.

4.3.1 Bausteine der Nucleinsäuren

Ein Nucleinsäurestrang ist ein Polymer aus Nucleotiden (Campbell S. 97) gelernt ☐

Nucleotide (Abb. 4.7A)
- **Monomere** der Nucleinsäuren aus 3 Bestandteilen:
  - **Base** (Purin- oder Pyrimidinbase)
  - **Zucker** (Ribose oder Desoxyribose)
  - **Phosphat**
- weitere Funktionen: **Energieträger** bei Stoffwechselreaktionen (ATP, auch GTP), intrazelluläre und sekundäre **Botenstoffe**, **Strukturbestandteile** (z. B. von Cofaktoren)

Nucleoside
- nur aus **Base** (Purin- oder Pyrimidinbase) und **Zucker** (Ribose oder Desoxyribose)

Zuckeranteile (Abb. 4.7A)
- **Pentosen**
- bei RNA: **D-Ribose** – mit **Hydroxylgruppe** an **C2** (→ **instabiler** als DNA)
- bei DNA: **2'-Desoxyribose** – mit **Wasserstoffatom** an **C2**

Basen (Abb. 4.7B)
- **Heterozyklen**: 1 oder mehrere C-Atome des Rings durch andere Atome ersetzt (hier: **N**)
- über **N-glykosidische Bindung** mit **C1** des Zuckers verknüpft

a) *Purinbasen*
- **6er-Ring** fusioniert mit **5er-Ring** (mit **je 2 N**-Atomen)
- **Adenin** (A) und **Guanin** (G)

b) *Pyrimidinbasen*
- **6er-Ring** (mit **2 N**-Atomen)
- **Cytosin** (C) sowie **Thymin** (T, nur in **DNA**), und **Uracil** (U, nur in **RNA**)

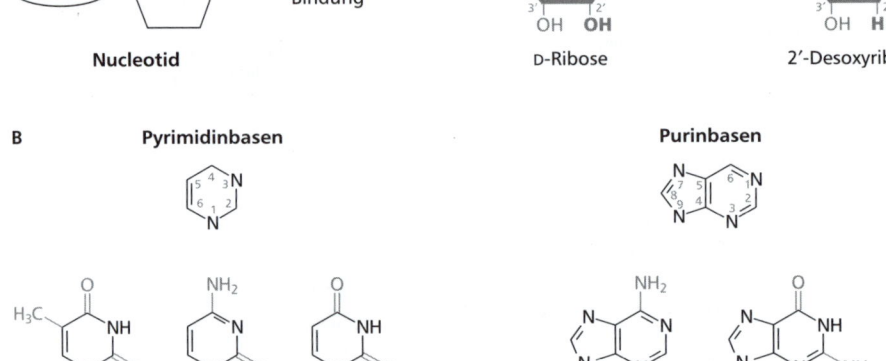

A

Phosphat — Pentose — Base — N-glykosidische Bindung

Nucleotid

D-Ribose

2'-Desoxyribose

B   Pyrimidinbasen   Purinbasen

Thymin T   Cytosin C   Uracil U   Adenin A   Guanin G
(DNA)   (DNA, RNA)   (RNA)   (DNA, RNA)   (DNA, RNA)

Abb. 4.7: Bausteine der Nucleinsäuren. (A) Nucleotid und Zuckeranteile (die Positionen der C-Atome im Zuckeranteil werden mit ' bezeichnet); (B) Pyrimidin- und Purinbasen.

 Neben den Purinen und Pyrimidinen gibt es auch noch abgewandelte **seltene Basen**. Die **Modifizierungen** (Methylierung, Desaminierung oder Reduktion) erfolgen erst nach Einbau der Nucleotide in die Nucleinsäuren durch spezielle Enzyme.

Verknüpfung der Nucleotide (Abb. 4.8A)
- über **Phosphodiesterbrücken** zwischen **5'-OH-Gruppe** eines Nucleotids und **3'-OH-Gruppe** des nächsten
- **alternierende Phosphat-** und **Pentosereste** bilden kovalentes **Rückgrat** der Nucleinsäure
- am **5'-Ende** der Kette: **Phosphorsäurerest**
- am **3'-Ende** der Kette: **Hydroxylgruppe** der Pentose
- aus Rückgrat ragen **Basen** heraus

- **Sequenz der Basen** = **genetische Information** (bei Proteingenen umgesetzt in Aminosäuresequenz)

Basenpaarung über Wasserstoffbrücken (Abb. 4.8B)
- sorgen für **Zusammenhalt** der **DNA-Doppelhelix** bzw. Ausbildung von **Sekundärstrukturen** in der **RNA**
- **Purinbasen** paaren immer mit **Pyrimidinbasen: A mit T** (bzw. **U**) und **G mit C**
- **2 Wasserstoffbrücken**: zwischen **Adenin** und **Thymin** (bzw. **Uracil**)
- **3 Wasserstoffbrücken**: zwischen **Guanin** und **Cytosin**
- **Komplementarität** der beiden DNA-Stränge ermöglicht **spezifische Basenpaarungen**
- ermöglicht Replikation, Transkription und Translation

Synthese der Nucleotide
a) *de-novo-Synthese*
   - **Pyrimidine**: aus Carbamoylphosphat und Aspartat
   - **Purine**: aus Phosphoribosylamin, Glycin, Aspartat, Glutamin, Formyltetrahydrofolat und CO_2
   - **Ribosephosphatanteil**: aus 5-Phosphoribosyl-1-phosphat (PRPP; entsteht im Pentosephosphatweg aus ATP und Ribose-5-phosphat)
b) *Recycling*
   - auch *salvage pathway*: aus Ribosen und Basen, die beim **Abbau von Nucleinsäuren** entstehen

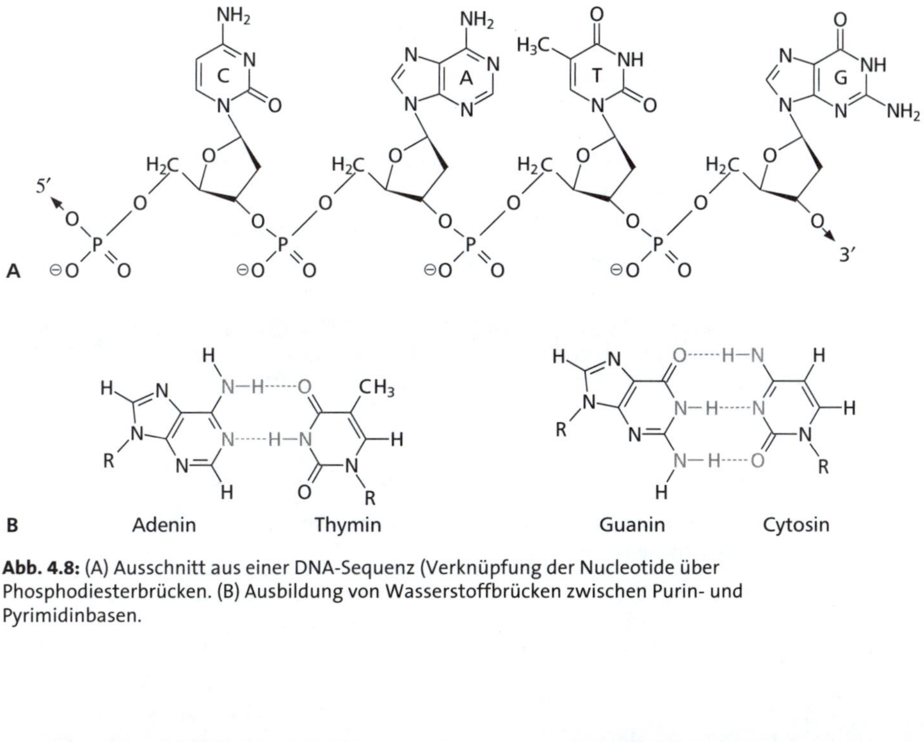

Abb. 4.8: (A) Ausschnitt aus einer DNA-Sequenz (Verknüpfung der Nucleotide über Phosphodiesterbrücken. (B) Ausbildung von Wasserstoffbrücken zwischen Purin- und Pyrimidinbasen.

4.4 Lipide

- Gruppe von Substanzen, die **in Wasser unlöslich** und **in organischen Lösungsmitteln löslich** sind
- z. B. **Fette, Phospho-** und **Glykolipide, Steroide, Isoprenoide, Wachse**
- bilden **keine** polymeren Makromoleküle → Strukturen aufgrund **nicht-kovalenter Wechselwirkungen**
- Funktionen: **Reservestoffe, Membranbestandteile, Botenstoffe**

Fette (Abb. 4.9)
- **Glycerinester (Glycerolester):** aus **Alkohol** (Glycerin = Glycerol) und **Säure** (Fettsäuren)
- genauer: **Mono-, Di-** oder **Triester** höherer **geradzahliger Fettsäuren** mit **Glycerin**
- **Glycerin (Glycerol):** 3-wertiger Alkohol (**3 OH-Gruppen**)
  - kann durch Veresterung mit 1, 2 oder 3 Fettsäuren **Mono-, Di-** oder **Triglyceride (Monoacyl-, Diacyl-** oder **Triacylglycerine)** bilden
- **natürliche Fette: Gemische** verschiedener **Triacylglycerine**
- **Triacylglycerine (Neutralfette):** enthalten meist **unterschiedliche Fettsäuren**
  - **energiereiche Speichermoleküle**

Fette speichern große Energiemengen

☐ *gelernt (Campbell S. 82)*

Verseifung
- Umkehr der Veresterung: **hydrolytische Esterspaltung**
- katalysiert durch **Säuren** oder **Basen**
- Produkte: **Alkalisalze der Fettsäuren (Seifen)** und **Glycerin**
- **Natriumsalze** = harte Seifen (**Kernseifen**), **Kaliumsalze** = **Schmierseifen**

Fettsäuren
- enthalten meist **16** oder **18 C-Atome**
- für Säuger **essenzielle Fettsäuren:** Linolsäure, Linolensäure

gesättigte Fettsäuren	ungesättigte Fettsäuren
enthalten **nur Einfachbindungen**	– **einfach** ungesättigt: mit **1 Doppelbindung** – **mehrfach** ungesättigt: mit **mehr als 1** Doppelbindung
bei Raumtemperatur **fest**	bei Raumtemperatur **flüssig** oder **ölig**
z. B. viele **tierische** Fette, **pflanzliche** Fette	z. B. **pflanzliche** Öle, Lebertran
z. B. Palmitinsäure, Stearinsäure	z. B. Ölsäure, Linolsäure, Linolensäure, Arachidonsäure

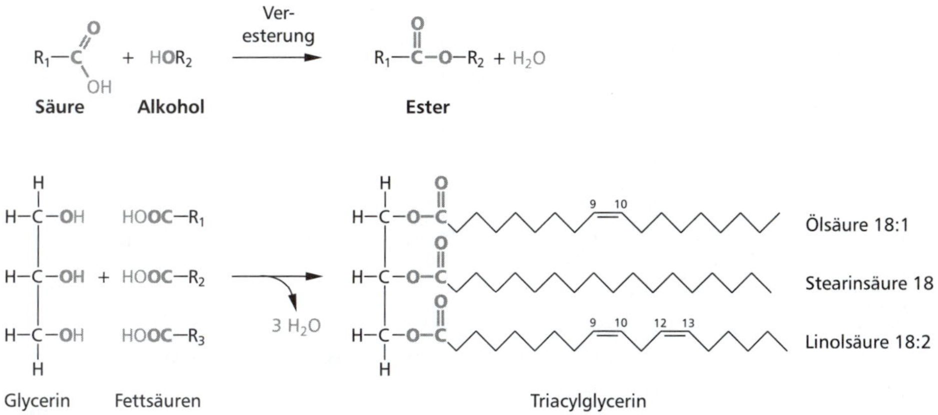

$$R_1-\overset{\overset{\displaystyle O}{\|}}{C}\diagdown_{OH} + HOR_2 \xrightarrow{\text{Ver-esterung}} R_1-\overset{\overset{\displaystyle O}{\|}}{C}-O-R_2 + H_2O$$

Säure   **Alkohol**   **Ester**

Glycerin + Fettsäuren → Triacylglycerin

H–C–OH   HOOC–R₁

H–C–OH + HOOC–R₂ → (3 H₂O)

H–C–OH   HOOC–R₃

Ölsäure 18:1

Stearinsäure 18

Linolsäure 18:2

Glycerin   Fettsäuren   Triacylglycerin

Abb. 4.9: Allgemeine Veresterung von Alkohol und Säure sowie Bildung von Triglyceriden.

komplexe Lipide (s. auch Kap. 9)
- **Membranlipide: Phospholipide** und **Glykolipide**
- **amphipatische** Moleküle: **hydrophile, polare** Kopfregion und **hydrophobe** Schwanzregion
- Ableitung von **Glycerin** oder **Sphingosin**
- enthalten **gesättigte** oder **ungesättigte Fettsäuren**

Phospholipide sind Hauptbestandteile von Zellmembranen

(Campbell S. 84) gelernt ☐

Isoprenoide
- Komponenten: **Isopreneinheiten** (5 C-Atome, Methylseitenkette)
- Vorkommen: **Pigmente, sekundäre Pflanzenstoffe** (ätherische Öle, Harze), **Sehfarbstoff, Hormone**
- z. B. Kautschuk, Carotinoide, Vitamine A, E und K
- **Hopanoide**: Membranbestandteil, Bakterien

Steroide
- Komponenten: starre, planare **4-Ringsysteme**, abgeleitet von **Squalen**
- Vorkommen: **Hormone, sekundäre Pflanzenstoffe, Membranbestandteile**
- z. B. **Cholesterin (Cholesterol)**: Membranbestandteil

Grundbaustein der Synthese von Isoprenoiden und Steroiden ist **Acetyl-CoA**, das auch in vielen anderen Stoffwechselwegen eine zentrale Rolle spielt. ∎

Steroide umfassen Cholesterin und bestimmte Hormone

(Campbell S. 85) gelernt ☐

Wachse
- Ester **langkettiger**, **einwertiger Alkohole** mit **höheren Fettsäuren**
- **wasserabstoßende** Eigenschaften

4.5 Isomerie bei Biomolekülen

Vergleiche hierzu den Abschnitt „Isomere" in Campbells Biologie.

☐ *(Campbell S. 67)*

isomere Verbindungen (Abb. 4.10)
- **gleiche Summenformel**, aber **unterschiedliche physikalische** und **chemische Eigenschaften**

Konstitutionsisomere (Strukturisomere) (Abb. 4.10A)	Stereoisomere (Abb. 4.10B)
gleiche Summenformel, **unterschiedliche Atomstellung** im Molekül	**gleiche Atomstellung** im Molekül, aber **unterschiedliche** räumliche Anordnung

Stereoisomere

Konformationsisomere	Konfigurationsisomere
durch **freie Rotation** um Einfachbindung ineinander umwandelbar	Umwandlung nur durch **Spalten und Knüpfen** mindestens einer Bindung → **cis-** und **trans-Konfiguration**

- **Konformation**: unterschiedliche **räumliche Anordnung** von Atomen in einem Molekül aufgrund von **Rotation um Einfachbindung**
- biologische Systeme arbeiten **stereospezifisch**: unterscheiden zwischen verschiedenen Stereoisomeren

Enantiomere (Abb. 4.10B)
- Moleküle, die sich wie **Bild** und **Spiegelbild** verhalten: lassen sich **nicht** durch Drehung spiegelbildlich **zur Deckung** bringen
- enthalten **Asymmetriezentrum** (**Chiralitätszentrum**): chirales C-Atom mit **4 unterschiedlichen Substituenten**
- **optisch aktiv**

Racemat
- **äquimolare** Mischung zweier **Enantiomere**
- **optisch inaktiv**

optische Aktivität
- Eigenschaft von Substanzen mit **Chiralitätszentrum**
- drehen die **Schwingungsebene des polarisierten Lichtes**

- **linksdrehende** Substanzen: Drehung nach links (–)
- **rechtsdrehende** Substanzen: Drehung nach rechts (+)

- von Substanzen mit **n Asymmetriezentren** gibt es 2^n **stereoisomere Formen** (aber nur bei unterschiedlichen Substituenten)
- **Epimere**: stereoisomere Moleküle mit mehreren Asymmetriezentren, die sich nur in Konfiguration an 1 chiralen C-Atom unterscheiden

---

Fischer-Projektionsformel
- beschreibt **dreidimensionale Struktur** chiraler Verbindungen
- C-Atom mit **höchster Oxidationsstufe** steht oben
- **chirales Zentrum** liegt in Papierebene, **horizontale** Linien oberhalb, **vertikale** unterhalb
- anwendbar z. B. auf Monosaccharide, Aminosäuren

sterische Reihen
- **D-** und **L-Reihe**: festgelegt anhand der (+)- bzw. (–)-Stereoisomere von **Glycerinaldehyd**
- optische Drehung ist **unabhängig** von sterischer Reihe
- Zugehörigkeit orientiert sich an **Anordnung** am C-Atom, das **am weitesten** vom am höchsten oxidierten entfernt ist (wird verglichen mit Glycerinaldehyd)
- Bezugsmolekül bei Aminosäuren: **Alanin**

A Konstitutionsisomere

Propanol   Isopropanol

B Stereoisomere

Konformationsisomere   Konfigurationsisomere   Enantiomere

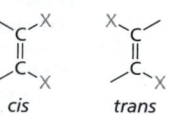

cis   trans

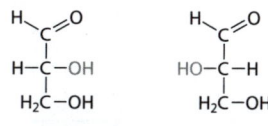

D-Glycerinaldehyd   L-Glycerinaldehyd
Bild   Spiegelbild

Abb. 4.10: Verschiedene Formen der Isomerie. (A) Konstitutionsisomere, (B) verschiedene Stereoisomere.

5. Proteine

> **!**
> - aus **Aminosäuren** aufgebaute Makromoleküle, die über **Peptid-bindungen** miteinander verknüpft sind
> - Information für **Aminosäuresequenz** ist gespeichert in der **Basensequenz der DNA (genetischer Code)**
> - Information für **Struktur** und **Modifikationen** in Aminosäuresequenz selbst enthalten
> - **Synthese** an den **Ribosomen**
> - **Funktion** abhängig von **Aminosäuresequenz**
> - **häufigste** Makromoleküle in Zellen, kommen aber auch außerhalb vor

! **Proteinfunktionen**

Proteine	Funktion
Strukturproteine	mechanische **Stütz-** und **Strukturfunktion**, z. B. Proteine des Cytoskeletts, Kollagen, Keratin
Transportproteine	**Transport**, z. B. Hämoglobin, membranständige Proteine
kontraktile Proteine	**Bewegung**, z. B. Aktin, Myosin
Enzyme (s. Kap. 6)	**Katalyse** von Reaktionen, z. B. durch Verdauungsenzyme
regulatorische Proteine	**Regulation** von Enzymen, biochemischen Reaktionen, Genexpression, Entwicklung, Differenzierung, Zellwachstum
Abwehrproteine (Antikörper)	**Immunabwehr** durch Immunglobuline
toxische Proteine	**Gifte**, z. B. Botulinustoxin
Speicherproteine	**Speicherung** von Aminosäuren, z. B. in Pflanzensamen
hormonelle Proteine	**regulatorische** Funktion, z. B. Insulin und Glucagon
Rezeptorproteine	**Reaktion** auf chemische Reize, auch Hormone, Wachstumsfaktoren, Neurotransmitter u. a.

- **fehlerhafte Proteine** führen zu Funktionsausfall und z. T. schweren Defekten und Krankheiten
- bestimmte Proteine können auch **Infektionen** auslösen → **Prionen**

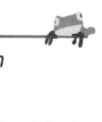

Für einen Überblick über die verschiedenen Proteinfunktionen siehe auch die Einleitung des Teilkapitels „Proteine – viele Strukturen, viele Funktionen" sowie Tabelle 5.1 in Campbells Biologie.

(Campbell S. 85 und S. 86) gelernt ☐

5.1 Bausteine der Proteine: Aminosäuren

Ein Polypeptid ist ein Polymer aus Aminosäuren, die in bestimmter Reihenfolge miteinander verknüpft sind

(Campbell S. 86) gelernt ☐

Aminosäuren (Abb. 5.1)   **!**
- Bausteine der **Proteine** und **Polypeptide**
- verknüpft über **Peptidbindungen** (s. u.) zu
    - **Oligopeptiden** (2–9 Aminosäuren, z. B. **Dipeptide**, **Tripeptide**)
    - **Polypeptiden** (meist bis 100 Aminosäuren, z. T. auch bis zu mehreren 1000; dann auch als **Makropeptide** bezeichnet)
- Aufbau: **zentrales chirales C-Atom** (C2) mit 4 verschiedenen Liganden:
    - **Säuregruppe** (**Carboxylgruppe**, -COOH)
    - basische **Aminogruppe** (-NH$_2$)
    - **Wasserstoffatom**
    - **variable Seitenkette**
- **Seitenkette**: im einfachsten Fall ein **H-Atom** (Glycin), aber auch **unterschiedlich lange verzweigte** oder **unverzweigte Kohlenstoffketten** oder **aromatische Reste**
- in der Natur 20 verschiedene Reste → **20 Aminosäuren** (mit Selenocystein 21)
- je 2 optisch aktive **Stereoisomere**: **D-** und **L-Form** (Aminogruppe rechts bzw. links) (Abb. 5.1B)
- **Dissoziationsgrad** pH-abhängig: bei **neutralem pH** Vorliegen als **Zwitterion** (Abb. 5.1A) mit positiver und negativer Ladung

- zur ribosomalen **Proteinbiosynthese** dienen nur ʟ-**Aminosäuren**
- in der **Zellwand von Bakterien** und in **enzymatisch erzeugten Peptiden** kommen auch ᴅ-**Aminosäuren** vor

isoelektrischer Punkt
- **pH-Wert**, bei dem die **Nettoladung** des Proteins **0** beträgt

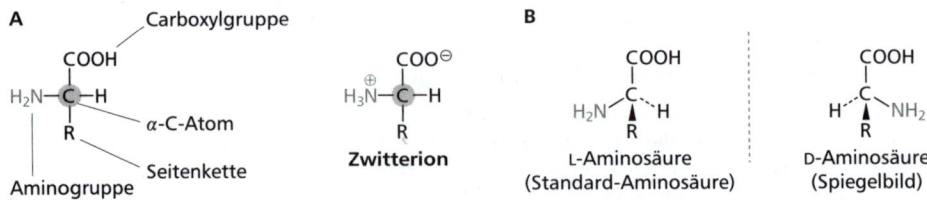

Abb. 5.1: (A) Aminosäuregrundgerüst und Vorliegen als Zwitterion bei neutralem pH.
(B) Stereoisomere Formen der Aminosäuren.

Cofaktoren (s. auch Kap. 7)
- **Nicht-Proteine**, die mit Proteinen **assoziieren**
- z. B. Coenzyme, Metallionen

5.1.1 Die 20 „regulären" Aminosäuren

- wichtig für Struktur und Funktion: **Polarität der Seitenkette**

regulär in Proteinen vorkommende Aminosäuren (Abb. 5.2)

Eigenschaft der Seitenkette	Aminosäuren
unpolare aliphatische Seitenketten	Glycin, Alanin, Valin, Leucin und Isoleucin
geladene polare Seitenketten	sauer: Glutaminsäure, Asparaginsäure basisch: Histidin, Lysin, Arginin
ungeladene polare Seitenketten	Cystein, Methionin, Threonin, Serin, Prolin, Glutamin, Asparagin
aromatische Seitenketten	Phenylalanin, Tryptophan (auch unpolar aliphatisch) Tyrosin (zudem geladen polar)

- **unterschiedlich große** Seitenketten wichtig für **hydrophobe Wechselwirkungen**
- **polare funktionelle Gruppen** der ungeladenen Seitenketten oder polare Gruppen des **Polypeptidrückgrats** können **Wasserstoffbrücken** mit H_2O bilden
- **OH-Gruppen** können **intramolekulare Wasserstoffbrücken** ausbilden **(Stabilisierung)**

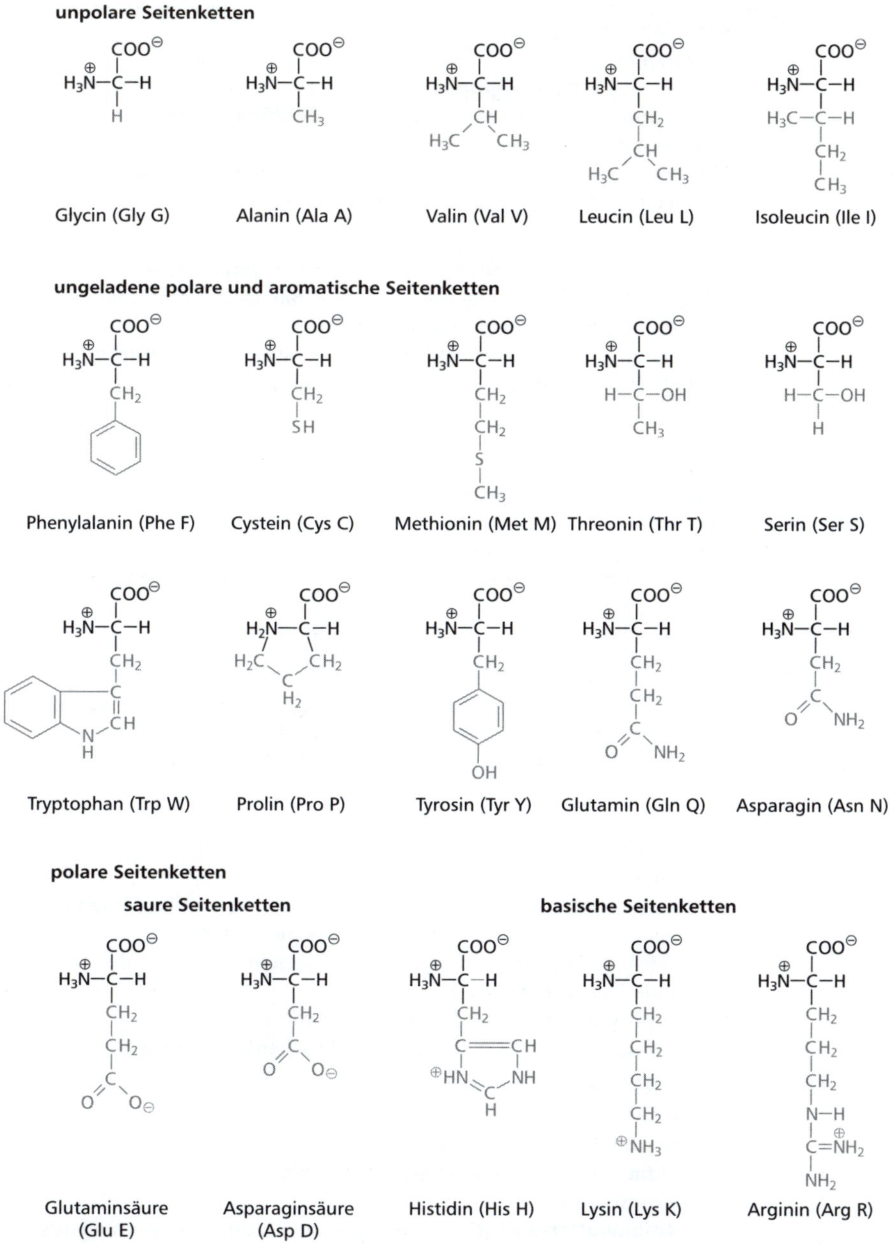

unpolare Seitenketten

Glycin (Gly G)   Alanin (Ala A)   Valin (Val V)   Leucin (Leu L)   Isoleucin (Ile I)

ungeladene polare und aromatische Seitenketten

Phenylalanin (Phe F)   Cystein (Cys C)   Methionin (Met M)   Threonin (Thr T)   Serin (Ser S)

Tryptophan (Trp W)   Prolin (Pro P)   Tyrosin (Tyr Y)   Glutamin (Gln Q)   Asparagin (Asn N)

polare Seitenketten

    saure Seitenketten   basische Seitenketten

Glutaminsäure (Glu E)   Asparaginsäure (Asp D)   Histidin (His H)   Lysin (Lys K)   Arginin (Arg R)

Abb. 5.2: Struktur der 20 Standard-Aminosäuren (in Klammern: Dreibuchstaben- und Einbuchstabencode).

Cystein (Abb. 5.2)
- besondere Bedeutung für **Stabilisierung von Proteinen**
- terminalen **Sulfhydrylgruppe** (-SH) kann oxidiert werden und mit SH-Gruppe von zweitem Cystein stabile **Disulfidbrücke** ausbilden (fast nur in extrazellulären Proteinen)
- **Methionin** enthält zwar ebenfalls Schwefel, bildet aber **keine** Disulfidbrücken (keine terminale SH-Gruppe)

Prolin (Abb. 5.2)
- genau genommen keine Amino-, sondern eine **Iminosäure**
- Seitenkette vollzieht **Ringschluss** mit **N-Atom** der Aminogruppe → 5er-Ring mit **sekundärer Aminogruppe**
- Auswirkung auf **Proteinstruktur**: an 5er-Ring wird **Proteinrückgrat abgeknickt** → passt nicht in α-Helix (oft durch Prolin beendet)

 Selenocystein
- **21. Aminosäure** bei Bacteria, Archaea und einigen wenigen Eukarya-Proteinen
- Schwefelatom in **Cystein** ersetzt durch **Selen**
- mit **spezieller tRNA**: erkennt Codons, die normalerweise als **Stoppcodon** fungieren
- **Einbau** erfolgt **anstelle** von **Translationsabbruch**

Formylmethionin
- weitere nicht reguläre Aminosäure mit **eigener tRNA**: diese erkennt erstes **Startcodon** bei **prokaryotischer Transkription**
- daher stets **erste Aminosäure** in **prokaryotischen Proteinen**

5.1.2 Außergewöhnliche Aminosäuren und Aminosäurederivate

außergewöhnliche Aminosäuren
- entstehen **posttranslational** durch **Modifikation von Aminosäuren** (im Gegensatz zu Selenocystein und Formylmethionin)
- **Phosphoserin, Phosphotyrosin, Phosphothreonin**: entstehen durch **reversible Phosphorylierung**
- **Hydroxyprolin**: kommt nur in **Kollagenen** vor
- **Allysine**: desaminierte Lysine; nur in **Kollagenen** und **Elastin**

Aminosäurederivate
a) *Hormone*
   - **Thyroxin**: Schilddrüsenhormon; entsteht aus **Tyrosin**
   - **Histamin**: entsteht durch **Decarboxylierung** aus **Histidin**
b) *Neurotransmitter*
   - **γ-Aminobuttersäure (GABA)**: entsteht durch **Decarboxylierung** aus Glutaminsäure
   - **Dopamin**: entsteht durch **Hydroxylierung** von **Tyrosin** zu **L-Dopa** (Dihydroxyphenylalanin) und anschließende **Decarboxylierung**
   - direkte Neurotransmitter: **Glutaminsäure, Glycin**

c) weitere Derivate
- **S-Adenosylmethionin**: Methylgruppendonor; aus Methionin und ATP
- **Melanin**: Pigment aus polymerisierten **Tyrosin**-Derivaten
- **Lignin**: komplexes Polymer, abgeleitet von **Tyrosin** und **Phenylalanin**

5.2 Struktur von Proteinen

Die Funktion eines Proteins hängt von seiner spezifischen Konformation ab

(Campbell S. 88) gelernt ☐

Peptidbindung (Abb. 5.3A)
- verknüpft **Aminosäuren**
- Verbindung der **α-Carboxylgruppe** der einen mit der **α-Aminogruppe** einer zweiten Aminosäure unter **Wasserabspaltung**
- erfolgt bei der **Translation** an den **Ribosomen**

Protein-Organisationsebenen
- **Primär-, Sekundär-, Tertiär-** und **Quartärstruktur**

In Abbildung 5.24 in Campbells Biologie *sind die verschiedenen Organisationsebenen der Proteinstruktur im Überblick zusammengefasst.*

(Campbell S. 93) gelernt ☐

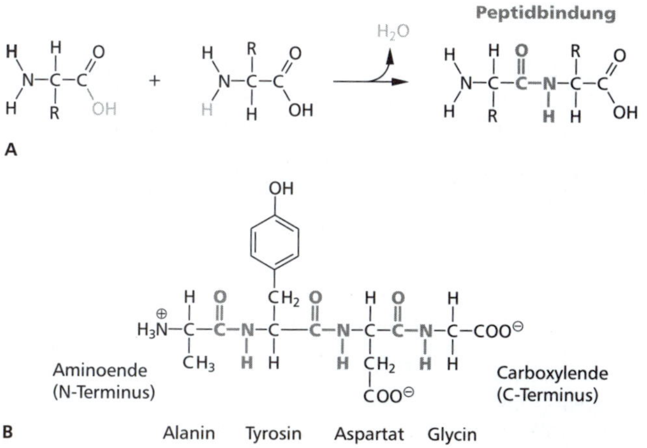

Abb. 5.3: (A) Ausbildung einer Peptidbindung. (B) Tetrapeptid aus 4 Aminosäuren mit freier Aminogruppe (Amino- oder N-Terminus) und freier Carboxylgruppe (Carboxy- oder C-Terminus).

5.2.1 Primärstruktur eines Proteins

- **Aminosäuresequenz** (Abfolge der Aminosäuren im Polypeptid) (Abb. 5.3B)
- bestimmt die **Konformation** des Proteins → die Sekundär- ,Tertiär- und Quartärstruktur
- **Austausch** oder **Verlust** von nur 1 Aminosäure bewirkt z. T. dramatische **Strukturveränderungen**

- durch C-N-Peptidbindung **starre Peptidebene**: im Peptidrückgrat nur **Rotation** an:
  - Bindung zwischen α-C- und Carbonylatom
  - Bindung zwischen α-C- und Stickstoffatom

5.2.2 Sekundärstrukturen von Proteinen

- erste Ebene der **Strukturorganisation** der Polypeptidkette
- **α-Helix (rechtsgängig)**, **β-Faltblatt** oder **β-Schleife**
- dazwischen in Proteinen auch Abschnitte **ohne** regelmäßige Struktur

Sekundärstrukturen im Vergleich

	α-Helix	**β-Faltblatt**	**β-Schleife**
Struktur	**rechtsgängige, schrauben-förmige** Anord-nung der Poly-peptidkette	**gefaltete Nebeneinan-derlagerung** mehrerer Kettenteile eines nahezu gestreckten Proteinmole-küls (Seitenketten ober-halb oder unterhalb)	**180°-Kehrt-wende** im Peptidrückgrat
Stabili-sierung	**Wasserstoff-brücken** zwi-schen NH- und CO-Gruppe der drittnächsten Aminosäure	**Wasserstoffbrücken** nur **zwischen 2** (paral-lel oder antiparallel) übereinander liegen-den Faltblättern, inner-halb **nicht** möglich	**1 Wasserstoff-brücke** zwischen CO-Gruppe der 1. und NH-Gruppe der 4. Aminosäure
fördernde Amino-säuren	Met, Glu, Leu, Ala, Gln, Lys, His, Cys	Val, Ile, Phe, Tyr, Thr, Trp	Pro, Gly, Asp, Ser, Asn
Beispiele	Myosin, Hämo-globin, Trans-membranproteine, DNA-bindende Proteine, Leucin-Zipper, Calcium-bindende Proteine	Seiden-Fibroin, Immunglobuline	häufig am Ende einer α-Helix

Ausnahme Kollagen-Helix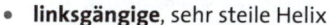
- **linksgängige**, sehr steile Helix
- stets mit **2 weiteren** zu **superspiralisierter, rechtsgängiger Tripelhelix** verdrillt (→ sehr **zugstabil**)
- fast jede 3. Aminosäure ist **Glycin** (stört durch kleinen H-Rest nicht die Ausbildung der Tripelhelix)
- ebenfalls häufig: **Prolin**

α-Helix

- pro **Windung** ca. **3,6 Aminosäuren**
- **Aminosäurereste** zeigen nach **außen**
- oft terminiert durch **Prolin**

- die **Länge der α-Helices** in Proteinen ist meist auf **40 nm** begrenzt
  → bilden oft nur kurze, zylinderförmige Abschnitte
- **sehr viel längere** α-Helices bei **Myosin**, **Tropomyosin**, **Keratin** → wahrscheinlich Verdrillung mehrerer zu **superspiralisierter** (*coiled-coil*), **linksgängiger Superhelix**

von α-Helices gebildete Transmembranproteinstrukturen

- bei **membranintegralen Proteinen** dringen fast nur α-**Helices** in Membran ein (zur Passage oder Verankerung)

a) Transmembranhelix
- v. a. aus Aminosäuren mit **hydrophoben Seitenketten** → ragen nach **außen** orientiert in **Lipidphase der Membran**
- **Verankerung** in Zellmembran über **hydrophobe Wechselwirkungen**
- **Verankerung** z. T. durch einzelne Transmembranhelices, mehrere können Wand von **Transmembrankanälen** bilden

b) Siebentransmembranhelix-Proteine (7TM-Motiv)
- viele **Membranrezeptoren**
- **binden** an Außenseite von Zelle **Hormone** oder **Neurotransmitter**
- sind innen mit **G-Protein** gekoppelt (→ Weiterleitung des Hormonsignals)

von α-Helices gebildete Motive DNA-bindender Proteine

a) Helix-turn-Helix-Motiv
- **2 α-Helices** durch **Kurve** oder **Schleife** (*turn*) getrennt
- **stabilisiert** durch **hydrophobe Wechselwirkungen** zwischen den 2 α-Helices
- eine der Helices bildet **DNA-Erkennungshelix** → Bindung an **DNA** über **Wasserstoffbrücken**

b) Leucin-Zipper
- **2 antiparallel** verlaufende α-**Helices**
- in regelmäßigen Abständen ragen auf beiden Seiten **Leucinreste** nach innen → verzahnen sich reißverschlussartig
- vermutlich verdrillt zu *coiled-coils*

Anhand von Abbildung 19.10 in Campbells Biologie *können Sie sich die drei Haupttypen DNA-bindender Domänen – Helix-turn-Helix-Motiv, Leucin-Zipper und Zinkfinger (s. u.) – veranschaulichen.*

☐ *gelernt (Campbell S. 429)*

Calciumbindungsdomänen
- bei **Calcium-bindenden** Proteinen wie **Calmodulin**
- aus **α-Helices**
- oft **EF-Hand**: aus 2 α-Helices (E und F), getrennt durch größere Peptid-schleife (Form ähnelt Zeigefinger und Daumen)

Zinkfinger-Motiv
- **DNA-Bindungsmotiv** mit **α-Helix** und **β-Faltblatt** in enger **Nachbar-schaft**
- **Zusammenhalt** über **Zinkionen** zwischen 2 Cysteinen und 2 Histidinen
- eine Seite des Fingers bildet **Helix**, die andere **Faltblatt**

5.2.3 Tertiärstruktur von Proteinen

- **dreidimensionale Form** einer Polypeptidkette bzw. eines Proteins
- Gesamtheit **aller sekundären Strukturmotive** und deren **dreidimensio-nale Anordnung**

Supersekundärstruktur (Proteinmotiv)
- **spezifisches Arrangement** einzelner Sekundärstrukturen zu **funktionellen Einheiten** eines Proteins
- Bereiche mit **gleichen Funktionen** in **verschiedenen Proteinen** oft **identisch**
- **Proteindomänen**: kompakte globuläre Einheit aus 100–400 Aminosäuren

Stabilisierung der Tertiärstruktur
- **Assoziation** der Sekundärstrukturen zu **Motiven** und **Verankerung** unter-einander durch **kovalente** und **nicht-kovalente** Bindungen
- *a) nicht-kovalente Bindungen*
  - wegen Häufigkeit **wichtig** für **Stabilisierung** der Proteinstruktur sowie **Faltung** der Polypeptidkette
  - **Ionenbindungen**: starke Wechselwirkungen zwischen **positiv** und **negativ** geladenen Seitenketten
  - **Wasserstoffbrücken**
  - **Komplexbildung**: Fixierung über **Metallionen**
- *b) kovalente Bindungen*
  - **stabiler**, aber seltener
  - **Disulfidbrücken**: zwischen **2 Cysteinen**; v. a. bei **extrazellulären Proteinen**
    - **stabilste** Fixierung der Tetiärstruktur
  - in Kollagenen und Elastin Verknüpfungen über **Lysinreste**

Faltungscode der Proteine

- **Aminosäuresequenz** bedingt **Sekundär-** und **Tertiärstruktur**
- nicht unbedingt **direkte Korrelation** zwischen **Sequenz** und **Struktur** möglich (z. T. aber Sekundärstruktur vorhersagbar)
- Faltung durch ca. 25 % der Aminosäurereste bedingt
- **unterschiedliche** Sequenzen können **fast identische** Strukturen bewirken (z. B. α- und β-Tubulin)

Chaperone

- an **Proteinfaltung** beteiligte **Hilfsproteine**
- **Peptidyl-Prolyl-Isomerasen**
- wirken bei **Proteinbiosynthese** und kurz danach, aber auch **nach Denaturierung**
- **Hitzeschockproteine**: spezielle Chaperone, die verstärkt nach Hitzestress gebildet werden
  - helfen bei **Renaturierung**

Siehe hierzu auch den Abschnitt „Das Proteinfaltungsproblem" in Campbells Biologie.

(Campbell S. 94) gelernt ☐

5.2.4 Quartärstruktur von Proteinen

- **Zusammentreten** mehrerer einzelner Polypeptidketten oder Proteine als **Untereinheiten** zu **funktionellem** und **strukturellem Komplex** **!**

Vorteile der Bildung von Quartärstrukturen

- ab gewisser **Proteingröße** besser aus Bausteinen → **Untereinheiten** können in **mehreren Proteinen** verwendet werden (z. B. Transmembranhelix)
- **Enzymkomplexe** sorgen bei komplexen Reaktionen für **schnelle** und **effektive Substratübertragung** (z. B. Pyruvat-Dehydrogenase-Komplex aus über 80 Polypeptiden)
- **Kooperativität** mehrerer identischer Polypeptide mit gleicher Funktion (z. B. Hämoglobin)
- **DNA-Bindungsproteine** können als **Dimere** besonders **effektiv** an DNA-Strang binden

5.3 Stabilität von Proteinstrukturen

- **Peptidbindung** sehr **stabil** gegenüber **Chemikalien** und **hohen Temperaturen** (Spaltung in der Natur durch **Proteasen**)
- empfindlich: **Sekundär-**, **Tertiär-** und **Quartärstruktur**

Proteindenaturierung

- drastische **Konformationsänderung** durch **Erhitzen** oder **Chemikalien**
- führt meist zu **Funktionsverlust**

- **denaturierte Proteine** können meist nicht mehr in **nativen** (funktionsfähigen) Zustand zurückkehren

- starkes **Fieber** (> 42 °C) kann zu **irreparablen Strukturschäden** an Proteinen führen
- Proteindenaturierung ist der Grund für das **Gerinnen** von **Hühnereiweiß** beim **Erhitzen**

Vergleiche hierzu auch den Abschnitt „Wodurch wird die Proteinkonformation bestimmt?" in Campbells Biologie.

☐ *gelernt (Campbell S. 94)*

strukturstabile Proteine
- **Taq-Polymerase**: sehr **hitzestabiles** Protein von **thermophilen Bakterien**
  - verwendet für **PCR** (**Polymerasekettenreaktion**)
- **Ribonucleasen** (**RNasen**): leicht zu denaturieren, **renaturieren** aber rasch wieder → schwer zu inaktivieren

💲 Prionen
- **Erreger** übertragbarer Hirnschwammerkrankungen (**spongiforme Encephalopathien**, z. B. **Creutzfeldt-Jakob-Krankheit**, **BSE**), die zu Demenz und zum Tod führen
- besonders **form-** und **funktionsstabile** Strukturvariante eines **Glykoproteins** von Nervenzellen (mit anderer **Sekundär-** und **Tertiärstruktur**)
- **Prion-Proteins** normal v. a. aus α-**Helices**, in der **infektiösen Form** einige umgelagert zu β-**Faltblättern**
- durch Aneinanderlagerung **irreversible Konformationsänderung**
- **resistent** gegen **Abbau** durch Proteasen
- bei **Ansammlung** → **Absterben** des Nervengewebes

Für die Entwicklung der **Prionen-Theorie** erhielt **Stanley B. Prusiner** 1997 den Medizin-Nobelpreis.

Vergleiche hierzu auch:
Viroide und Prionen sind infektiöse Partikel und noch einfacher gebaut als Viren

☐ *gelernt (Campbell S. 397)*

Aminosäureaustausch und -verlust

- **Punktmutationen (Austausch** einer Aminosäure) vielfach **ohne Auswirkung** auf **Proteinstruktur** und **-funktion**, ebenso **Verlust** einer Aminosäure
- in **Einzelfällen** aber **drastische** Auswirkungen

Sichelzellenanämie
- entsteht durch **Austausch** von **1 Aminosäure** im Hämoglobin: **Glutamat** (polar) durch **Valin** (aliphatisch)
- **verformte Erythrocyten** → unzureichende Sauerstoffversorgung
- nur **Homozygote** sind betroffen
- **heterozygote Träger** mit **Selektionsvorteil**: resistenter gegen Malariaerreger

Cystische Fibrose (Mukoviszidose)
- entsteht in den meisten Fällen durch **Verlust** von **1 Aminosäure** (Phenylalanin) in **Chlorid-Transportprotein**
- starke Produktion von **zähflüssigem Schleim** in Atemwegen, Verdauungstrakt
- **häufigste** (autosomal rezessive) **Erbkrankheit** ◼

Siehe hierzu auch den Abschnitt „Rezessiv vererbte Krankheiten" in Campbells Biologie.

(Campbell S. 309) gelernt ☐

5.4 Methoden der Proteinchemie

5.4.1 Aufreinigung und Auftrennung von Proteinen

- für Untersuchungen zunächst vollständige **Aufreinigung der Proteine** erforderlich
- wichtigste **Trennmethoden**: Ultrazentrifugation, Chromatographie, Elektrophorese

---

Proteinaufreinigung
- Befreiung von **Verunreinigungen**
- **Zellaufschluss** in **gepufferter Lösung** (Vermeidung von pH-Schwankungen)
- z. B. in **Mixer** oder **Elvehjem-Potter**, anschließend Trennung von Organellen und Cytoplasma durch **Zentrifugation**
- **Mureinschicht** von Bakterien und **Pflanzenzellwand** müssen zuvor **enzymatisch gespalten** werden
- Präparation **membranintegraler Proteine** mittels **Detergenzien** ◼

Proteinnachweis
- durch **Anfärben** mit spezifischen **Farbstoffen**

nachweisbare Menge	Test
im **Milligrammbereich**	**Biuret-Test**: Bildung tief blauer **Protein-Kupfer-Komplexe** (Farbintensität abhängig von Proteinkonzentration)
im **Mikrogrammbereich**	Proteintest nach **Bradford**: Bindung von **Coomassie-Blau**
im **Nanogrammbereich**	**Silberfärbung** (v. a. in Polyacrylamidgelen verwendet)
noch **geringere Mengen**	durch **Bindung von Antikörpern**, **radioaktive Markierung**

Sedimentation
- Makromoleküle oder Partikel **sedimentieren**, wenn ihre **Dichte höher** ist als die des umgebenden Mediums
- **Sedimentationsgeschwindigkeit** abhängig von **Dichte**, **Größe** und **Reibungseigenschaften** des Partikels, Dichte des **Mediums** und **Beschleunigung**
- **Sedimentationskoeffizient**: gibt **Sedimentationseigenschaften** eines Moleküls an
  - Einheit **S** (**Svedberg**) = 10^{-13} sec

Flotation
- Gegenteil der Sedimentation: Partikel mit **geringerer Dichte** als umgebendes Medium → treiben im Schwerefeld **nach oben**

 Ultrazentrifugation
- Auftrennung nach **Dichte** und **Reibung** durch **hohe Zentrifugalbeschleunigung** (bis zu 700 000 g) in **Ultrazentrifugen**
- beschleunigt **Sedimentation** und **Flotation**
- erfolgt **zu Beginn** der Proteinaufreinigung → **präparativ** (selten analytisch)
- **keine Denaturierung** der Proteine
- häufig in unterschiedlich dichten **Saccharoselösungen**
- **diskontinuierlicher Stufen-Dichtegradient**: Schichtung aus unterschiedlich konzentrierten (dichten) Saccharoselösungen → **Sedimentation** erfolgt in entsprechender Dichte
- **kontinuierlicher Dichtegradient**: durch Gradientenmischer → geringere Trennkapazität

Chromatographie

- ursprünglich zur Trennung **biologischer Farbstoffe**
- Träger: **Säulen, Papier, Gele, Kieselgele**
- **keine Denaturierung** der Proteine
- Auftragung in **Puffer** zur anschließenden **Elution**

a) *Gelfiltrationschromatographie (Ausschlusschromatographie)*
  - Auftrennung nach **Größe/Proteinmasse** durch **poröse Kügelchen**, in die kleine Proteine einwandern können, große nicht (→ unterschiedliche Verweildauer)
  - meist nach **fortgeschrittener** Aufreinigung → **präparativ** und **analytisch**

b) *Ionenaustauschchromatographie*
  - Auftrennung nach **Ladung der Proteine** durch Kügelchen mit **positiv** oder **negativ geladenen** Oberflächen
  - **positiv** geladene Matrix: **Anionenaustauscher; negativ** geladene: **Kationenaustauscher**
  - meist **zu Beginn** der Aufreinigung → **präparativ** und **analytisch**

c) *Hydrophobe Interaktionschromatographie*
  - Auftrennung nach **Hydrophobizität** durch Kügelchen mit **aliphatischer** Oberfläche

d) *Affinitätschromatographie*
  - Auftrennung nach **speziellen Bindungseigenschaften** durch fest an Kügelchen gebundene **Bindungspartner** (z. B. **Antikörper** → **Antigen-Antikörper-Affinität**)
  - meist **gegen Ende** der Aufreinigung → **präparativ**

Elektrophorese

- Auftrennung in starkem **elektrischem Feld**
- Träger: **befeuchtete** Oberfläche (**Papier, Membranen**) oder **Gele**

a) *SDS-Gelelektrophorese*
  - Auftrennung nach **Größe/Proteinmasse** in **Gelmatrix** (meist **Polyacrylamid** oder **Agarose**)
  - **SDS-PAGE**: Natrium(engl. *sodium*)-**D**odecyl**s**ulfat-**P**oly**a**crylamid-**G**elelektrophorese
  - **negativ** geladenes **Dodecylsulfat** besetzt Proteine und **maskiert** deren Eigenladung → Wanderung **negativ geladener** Proteine zur Anode
  - **am Ende** der Proteinaufreinigung oder **analytisch parallel** dazu
  - **Denaturierung** der Proteine
  - Hinweis auf **Proteingröße** durch **Markerproteine**, Sichtbarmachung z. B. durch **Färbung**

b) *Isoelektrische Fokussierung (IEF)*
  - Auftrennung nach **Proteinladung** in **Gelmatrix** mit kontinuierlichem **pH-Gradient** durch **Ampholyte**

- Proteine wandern bis **pH**, an dem ihre **Nettoladung = 0** ist → pH-Messung ergibt Auskunft über **isolelektrischen Punkt** des Proteins
- **am Ende** der Proteinaufreinigung → meist **analytisch**
- **keine Denaturierung** der Proteine

c) *Zweidimensionale Polyacrylamidgelelektrophorese (2D-PAGE)*
  - **Kombination** von **SDS-PAGE** und **IEF** → ermöglicht Auftrennung von bis zu 1000 Proteinen
  - Auftrennung nach **Proteinmasse** und **isoelektrischem Punkt** in **Gelmatrix**
  - meist **am Ende** der Proteinaufreinigung oder zur Auftrennung von **Proteingemischen** → **analytisch**
  - **Denaturierung** der Proteine

Anhand von Abbildung 20.8 in Campbells Biologie *können Sie sich die Auftrennung durch Gelelektrophorese vor Augen führen.*

☐ *gelernt (Campbell S. 440)*

- bei der **SDS-PAGE** wandern **kleinere** Moleküle schneller, bei der **Gelfiltrationschromatographie** hingegen **größere** (werden von Matrixpartikeln ausgeschlossen, kleinere dringen in sie ein)
- **Vorteil** der **Gelfiltrationschromatographie**: erfolgt unter **nativen** Bedingungen (keine Denaturierung)

Proteinfällung
- Auftrennung nach **unterschiedlicher Löslichkeit** durch **Entzug von Wasser** mit Salz oder anderem Fällungsmittel → führt zu **Ausfällung**
- zu **Beginn** der Proteinaufreinigung → **präparativ**
- **keine Denaturierung** des Proteins

Isolierung und Identifizierung von Proteinen mit Antikörpern
- mit **Antikörpern** als „Sonden"
- **Antigen-Antikörper-Affinität**: Antikörper **binden** mit hoher Affinität **spezifisch** an bestimmte Oberflächenstruktur des Proteins (**Epitop**)
- am **Ende** der Proteinaufreinigung → **analytisch**

a) *ELISA*
  - *enzyme-linked immunosorbent assay*
  - Nachweis verschiedenster Moleküle mithilfe von **enzymgekoppelten Antikörpern**
  - Protein als **Antigen** an Mikrotiterplatte, Zusatz **spezifischer Antikörper**
  - anschließend Zusatz von **2. Antikörper** (enzymgekoppelt, Fc-spezifisch) → bindet gerichtet an **konstanten Bereich** (Fc) des 1. Antikörpers

- **Quantifizierung** des gebildeter **Antigen-Antikörper-Komplexes** über die **enzymatische Aktivität** des gekoppelten Enzyms (→ **Farbreaktion**)

b) *Western-Blot*
- **Proteinauftrennung** durch **SDS-PAGE**, anschließend **elektrischer Transfer** (*blotting*) auf **Oberfläche von Membranen**
- dort sind sie zugänglich für **spezifische Antikörper**
- **Farbreaktion** durch an Antikörper **gekoppeltes Enzym**

c) *Immunpräzipitation (IP)*
- Methode zur **Reinigung von Proteinen** und zur Untersuchung von **Protein-Protein-Interaktionen** mithilfe von Antikörpern
- durch **reduzierte Löslichkeit** des **Antigen-Antikörper-Komplexes**

d) *Affinitätschromatographie mit monoklonalen Antikörpern*
- **präparativ** und **analytisch**

5.4.2 Abbau und Spaltung von Proteinen

- aufgetrennte Proteine können **in Fragmente zerlegt** und **automatisch sequenziert** werden (Ermittlung der **Aminosäuresequenz**)

Edman-Abbau
- Protein wird an **Träger** gekoppelt
- **Markierung** der **aminoterminalen Aminosäure** mit **Phenylisothiocyanat** (PITC)
- **Abspaltung** der Aminosäure unter schwach sauren Bedingungen → durch **Trifluoressigsäure** (TFA)
- **Identifizieren** der Aminosäure (z. B. durch Säulenchromatographie)
- restliches Peptid kann weitere **Edman-Zyklen** durchlaufen, bei denen jeweils 1 Aminosäure abgespalten wird
- **automatisiert** → Ermittlung von Sequenzen bis zu 50 Aminosäuren

Proteinspaltung
- **Spaltung** größerer Proteine oder Peptide in **Bruchstücke für Edman-Abbau**
- anschließend **Auftrennung** der Fragmente

a) *chemische Proteinspaltung*
- mit **Bromcyan**: spaltet carboxyterminal hinter Methionin
- mit **O-Iodosobenzoat**: spaltet carboxyterminal hinter Tryptophan
- mit **2-Nitro-5-thiocyanobenzoat**: spaltet aminoterminal von Cystein
- mit **Hydroxylamin**: spaltet zwischen Asparagin und Glycin

b) *enzymatische (proteolytische) Proteinspaltung*
- mithilfe von **Proteasen**
- meist mit **Trypsin**: spaltet carboxyterminal hinter Arginin und Lysin
- weitere verwendete Proteasen: **Staphylococcus-Protease, Carboxypeptidase A, Chymotrypsin**

5.4.3 Analyse der Proteinstruktur

 Röntgenstrukturanalyse (Röntgenkristallographie)
- Ermittlung der **dreidimensionalen Struktur** eines Proteins
- Auflösung der Struktur bis zur **atomaren** Ebene → Beugung von **Röntgenstrahlen**
- Protein muss **kristallisiert** vorliegen

Vergleiche hierzu auch den Abschnitt „Die Aufklärung der Struktur eines Proteins" und Abbildung 5.27 in Campbells Biologie.

☐ *gelernt (Campbell S. 96 und S. 95)*

 NMR-Spektroskopie
- **NMR** = *nuclear magnetic resonance* (→ **Kernspinresonanzspektroskopie**)
- kann auch Strukturen von **Proteinen in Lösung** (Wasser) auflösen

Molecular Modelling
- computergestützte Vorhersage/Berechnung von **Proteinstrukturen** aus **Sequenzinformationen** (noch nicht endgültig gelöst)
- Ziel u. a.: **gezielte Entwicklung** von **Wirksubstanzen** (neuen Medikamenten), z. B. bei bekannter Struktur des aktiven Zentrums eines Proteins

6. Enzymbiochemie

Enzymologie

- untersucht **Mechanismen enzymkatalysierter Reaktionen** auf **molekularer Ebene**

6.1 Enzyme

- ursrprünglich als **Fermente** bezeichnete **biologische Katalysatoren**
- meist **spezialisierte Proteine**, die durch **Denaturierung inaktiviert** werden
- katalysieren **alle Reaktionen**, die in lebenden Organismen ablaufen
- Katalyse erfolgt durch **Herabsetzung der Aktivierungsenergie**
- steigern die **Reaktionsgeschwindigkeit** → beschleunigen die **Einstellung des Gleichgewichts**
- Katalyse von **Hin- und Rückreaktion** → daher **kein Einfluss** auf die **Lage des Gleichgewichts**
- wirken **sehr spezifisch**, sowohl in Bezug auf die **Substrate** als auch auf die **Produkte**
- Umsetzungen erfolgen unter **physiologischen Bedingungen**
- besitzen **Optimum** für Temperatur, pH-Wert, Ionenstärke
- gehen aus Reaktion **unverändert** hervor

Enzyme beschleunigen Stoffwechselreaktionen, indem sie Energiebarrieren herabsetzen

(Campbell S. 113) gelernt ☐

Unterschiede von Enzymen zu **chemischen Katalysatoren**:
- **spezifischere Wirkung**
- Aktivität **regulierbar**
- Reaktionsablauf unter **milden Bedingungen** (Temperatur, Druck, pH)
- **stereoselektiv** (Enzyme verwenden i. A. nur ein **Enantiomer** als Substrat, sodass auch nur ein einziges Produkt-Enantiomer entsteht)

Spezifität von Enzymen

Substratspezifität	setzen spezifisch **nur 1 bestimmte Verbindung** um
Wirkungsspezifität	katalysieren eine **bestimmte Reaktion**
Gruppenspezifität	Spezifität beschränkt auf **bestimmte Molekülgruppe**
Stereoselektivität	für **1 Enantiomer** einer Verbindung (durch **asymmetrisches aktives Zentrum**)

Enzyme sind substratspezifisch und reaktionsspezifisch

☐ *gelernt (Campbell S. 115)*

Nutzung von Enzymen im Alltag
- in vielen **Produkten** enthalten oder zu deren **Herstellung** verwendet
- als **Waschmittelzusätze**: Amylasen, Proteasen und Lipasen
- in **Lebensmittelherstellung**: z. B. Amylase (Brauen), Chymosin (Käse-herstellung)
- zu **therapeutischen Zwecken**: z. B. Lysozym
- in der **Forschung**: z. B. Restriktionsenzyme

! **Coenzyme (Cofaktoren)** (s. auch Kap. 7)
- von manchen Enzymen für **katalytische Aktivität** benötigt
- **niedermolekulare Substanzen** oder **einzelne Metallionen**
- **prosthetische Gruppe: kovalent** an Enzym gebundenes Coenzym

Apoenzym
- **inaktiver Proteinanteil** eines Enzyms

Holoenzym
- **aktives Enzym** bestehend aus **Apoenzym** und **Coenzym** (bzw. **prosthe-tischer Gruppe**)

Vergleiche hierzu den Abschnitt „Cofaktoren" in Campbells Biologie.

☐ *gelernt (Campbell S. 117)*

6.1.1 Einteilung von Enzymen

- bisher **über 4000 Enzyme** charakterisiert
- Einteilung in **6 Hauptklassen**

Benennung der Enzyme
- oft **Trivialname**
- streng **systematischer Name** (Endung **-ase**): abgeleitet von **Art der Reak-tion** und **beteiligten Substanzen**
- 4-stellige **EC(Enzyme Commission)-Nummer**: Ziffern bezeichnen Haupt-, Unter- und Subklasse sowie Seriennummer des Enzyms

Beispiel für Enzymbenennung
- Trivialname: **Glucose-Oxidase**
- systematischer Name: **β-D-Glucose-O_2-1-Oxidoreductase**
- Systemnummer der Enzyme Commission: **EC 1.1.3.4**
  - 1. Hauptklasse: Oxidoreductase
  - 2. Unterklasse: auf CH(OH)-Gruppen wirkend
  - 3. Subunterklasse: O_2 als Akzeptor
  - 4. Enzymnummer innerhalb der Subunterklasse

Hauptklassen von Enzymen !

Hauptklasse	katalysierter Reaktionstyp	wichtige Unterklassen
1. Oxido-reductasen	Redoxreaktion	Dehydrogenasen Reductasen Oxidasen Oxygenasen
2. Transferasen	Übertragung von Mole-külgruppen (Gruppen-übertragung)	Phosphotransferasen (Proteinkinasen) Aminotransferasen (Transaminasen) C1-Transferasen
3. Hydrolasen	hydrolytische Spaltung (unter Einbau von Wasser)	Esterasen (Lipasen) Phosphatasen Glykosylasen Peptidasen (Proteasen)
4. Lyasen **„Synthasen"**	nicht-hydrolytische Spal-tung (kein Einbau von Wasser) – Gruppeneliminierung unter Bildung von Doppelbindungen – Bildung einer chemi-schen Bindung unter Auflösung vorhandener Doppelbindungen	C-C-Lyasen C-O-Lyasen C-N-Lyasen
5. Isomerasen	intramolekulare Umlage-rungen (Isomerisierungen)	Isomerasen Mutasen Epimerasen
6. Ligasen **(„Synthetasen")**	kovalente Verknüpfung von 2 Molekülen unter Energieverbrauch (Spal-tung von Nucleosidtri-phosphaten, meist ATP)	C-C-Ligasen C-O-Ligasen C-N-Ligasen

Unterklassen von Oxidoreductasen

- **Dehydrogenasen**: übertragen **Wasserstoff** auf Substrat
- **Reductasen**: katalysieren Reaktion in Richtung **Reduktion** des Substrats
- **Oxidasen**: verwenden O_2 **als Elektronenakzeptor** (übertragen Reduktions-äquivalente vom Substrat unter Bildung von H_2O_2 direkt auf O_2)

- **Oxygenasen**: übertragen **molekularen Sauerstoff** auf Substrat
  - **Monooxygenasen**: Einbau **eines** Sauerstoffatoms
  - **Dioxygenasen**: Einbau **beider** Sauerstoffatome

Isoenzyme (Isozyme)

- Enzyme mit mehr oder weniger **unterschiedlicher Struktur**, die die **gleiche Reaktion** katalysieren
- codiert durch **mehrere Genorte** oder **verschiedene Allele** eines Genlocus
- unterscheiden sich in **regulatorischen**, **physikalischen** oder **kinetischen** Eigenschaften
- **innerhalb** eines Organismus meist in **unterschiedlichen Organen** oder **Organellen**

6.2 Strategien der Enzymkatalyse

- Enzyme können nur **exergonische Reaktionen** katalysieren, die thermodynamisches Bestreben haben abzulaufen
- dazu muss zunächst die **Aktivierungsenergie** überwunden werden

6.2.1 Reaktionskinetik

- beschreibt die **Dynamik** von Systemen: den **zeitlichen Verlauf** chemischer Reaktionen und **Geschwindigkeit**, mit der sich ein System dem **Gleichgewicht** nähert
- ($\leftrightarrow$ **Thermodynamik**: beschreibt nur Ausgangs- und Endzustand)

Reaktionsgeschwindigkeit

- gibt an, **wie schnell** aus einem oder mehreren **Substraten** ein oder mehrere **Produkte** gebildet werden
- **Messung**: durch **entstehende Produkte** oder **Verbrauch der Substrate**
- **abhängig** von: **Konzentration** der beteiligten Stoffe, **Druck** und **Temperatur**
- Maßeinheit: **mol l^{-1} s^{-1}**

Geschwindigkeitsgesetz

- **Reaktionsgeschwindigkeit (v)** = Konstante (k) [Reaktanten]^n
- beschreibt **Zusammenhang** zwischen **Reaktionsgeschwindigkeit** und **Konzentration der Reaktanten** $\rightarrow$ Geschwindigkeit ist **proportional** zur Konzentration der Reaktanten
- **Geschwindigkeitskonstante (k)**: Proportionalitätskonstante im Geschwindigkeitsgesetz $\rightarrow$ Maß für die **Wahrscheinlichkeit** der Reaktion

Reaktionsordnung (n)

- **Summe der Exponenten** aller Konzentrationsparameter im Geschwindigkeitsgesetz
- **Reaktion nullter Ordnung (v = k)**: Geschwindigkeit unabhängig von Substratkonzentration

- **Reaktion 1. Ordnung (v = k [S]):** Geschwindigkeit proportional zu Konzentration einer Substanz
- **Reaktion 2. Ordnung (v = k [S]² bzw. v = k [S1] [S2]):** Geschwindigkeit ist proportional zum Quadrat der Konzentration einer Substanz oder dem Produkt der Konzentration von 2 Substanzen

Aktivierungsenergie (E_A) (Abb. 6.1)

- **Energiebetrag,** der zur Durchführung einer Reaktion **überwunden** werden muss
- z. B. zum Überwinden der **gegenseitigen Abstoßung,** zur **optimalen Ausrichtung** der Teilchen
- erreicht z. B. durch **Temperaturerhöhung**
- bei vielen Reaktionen so **hoch,** dass sie **ohne Enzyme nicht** ablaufen

Übergangszustand (Abb. 6.1)

- auch **aktivierter Komplex**
- kurzlebiger **energiereicher Zwischenzustand** einer chemischen Reaktion
- zum Erreichen des Übergangszustands muss **Energiebarriere (Aktivierungsenergie)** überwunden werden
- Bildung des Übergangszustands ist meist **geschwindigkeitsbestimmender Reaktionsschritt**

In diesem Zusammenhang können Sie noch einmal den Abschnitt „Die Aktivierungsenergie-Barriere" in Campbells Biologie wiederholen.

(Campbell S. 113) gelernt ☐

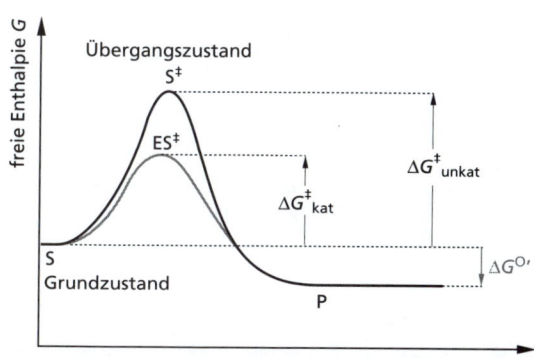

Abb. 6.1: Reaktionsprofil einer unkatalysierten und einer katalysierten exergonischen Reaktion. Bei der katalysierten Reaktion (graue Kurve) ist die Aktivierungsenergie zum Erreichen des Übergangszustands gegenüber der unkatalysierten (schwarze Kurve) herabgesetzt (S = Substrat, P = Produkt, $\Delta G^{\ddagger}$ = Aktivierungsenergie. $\Delta G^{0\prime}$ = Änderung der freien Standardenthalpie).

RGT-Regel (Reaktionsgeschwindigkeits-Temperatur-Regel)
- auch **van't Hoffsche-** oder **Q_{10}-Regel**
- bei **Temperaturerhöhung** um 10 °C **verdoppelt** (bis verdreifacht) sich die **Geschwindigkeit** einer **chemischen** Reaktion
- gilt auch für **enzymkatalysierte** Reaktionen, solange das Enzym durch Temperaturerhöhung **nicht denaturiert** wird

kinetische Hemmung
- zeitlich extrem **verzögerter Reaktionsverlauf** einer exergonischen Reaktion von **metastabilen** Verbindungen aufgrund **zu hoher Aktivierungsenergie**
- **metastabile Verbindungen**: sind **nicht** im Gleichgewichtszustand, dieser kann durch **exergonische Reaktion** erreicht werden, sie zeigen aber **keine** Tendenz zu reagieren
  - z. B. energiereiche organische Phosphorverbindungen

6.2.2 Erniedrigung der Aktivierungsenergie durch Enzyme (s. Abb. 6.1)

Vergleiche hierzu auch den Abschnitt „Enzyme und die Aktivierungsenergie" in Campbells Biologie.

☐ *gelernt (Campbell S. 115)*

❗ katalytische Wirkung von Enzymen
- setzen **Aktivierungsenergie herab**, indem sie den **Übergangszustand stabilisieren**
- **beschleunigen** so die Reaktion
- **Reaktionsenthalpie ($\Delta G^{0\prime}$)** bleibt **unverändert**

Substratbindungsenergie
- **Energiebetrag**, der bei der **Bindung eines Substrats** an ein Enzym **freigesetzt** wird

6.2.3 Das aktive Zentrum

Das aktive Zentrum ist die katalytisch wirksame Region eines Enzyms

☐ *gelernt (Campbell S. 116)*

❗ aktives Zentrum (*active site*)
- Stelle des Enzyms, an der die **Reaktion stattfindet** (Stelle der **spezifischen Substratbindung**)
- meist **im Innern** des Enzyms in wasserfreier, **hydrophober** Tasche
- enthält **polare** bzw. **geladene Aminosäurereste**
- hier erfolgt **optimale Ausrichtung** der Substrate für die Reaktion
  → **Enzym-Substrat-Komplex**

Enzym-Substrat-Bindung (Abb. 6.2)

Schlüssel-Schloss-Modell	Induced-fit-Modell
älteres, unzureichendes Modell zur Beschreibung der Substratbindung	**neueres** Modell zur Beschreibung der Substratbindung
Enzym und Substrat sind bereits **vor der Bindung** zueinander **komplementär**	Enzym und Substrat erst in **gebundenem** Zustand **komplementär** (durch **Konformationsänderungen** bei Bindung)

- **Antikörper** binden mit **hoher Affinität** an entsprechendes **Antigen** → **komplementäre** Struktur schon weitgehend vorhanden
- binden **Übergangszustände**, **Enzyme** im **Grundzustand**
- **katalytische Antikörper** (**Abzyme**): künstlich hergestellt gegen Substanzen, die dem **Übergangszustand** ähneln → können entsprechende Reaktionen **katalysieren**

6.2.4 Enzymaktivität

- Maß für die **Umsatzgeschwindigkeit** enzymkatalysierter Reaktionen
- Einheit: **Katal (kat) = mol s^{-1}**
- häufig auch Angabe in **Units (U)**: $1\,U = 1 \times 10^{-6}$ kat
- abhängig von: **pH-Wert**, **Temperatur**, **Substratkonzentration** und **Ionenstärke**

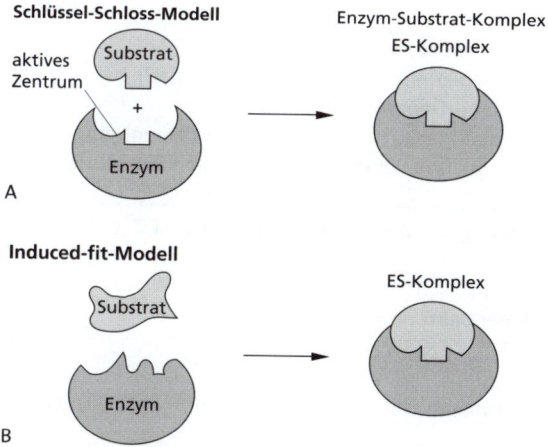

Abb. 6.2: Modelle zur Substratbindung an das Enzym: (A) Schlüssel-Schloss-Modell, (B) Induced-fit-Modell.

Aktivitätsbestimmung
- eingesetzt zur Kontrolle bzw. Mengenangabe bei **Reinigung von Enzymen**
- Messung des **Substratsverbrauchs** oder **Entstehen des Produkts**
- **indirekte** Bestimmung (wenn Messung direkter Aktivität nicht möglich): durch **Indikatorreaktion** (weitere Umsetzung des Produkts mittels **gekoppelter Reaktion**)

spezifische Aktivität
- **katalytische Aktivität** bezogen auf die eingesetzte **Gesamtproteinmenge**

 Enzymdiagnostik
- Messung der **Aktivität** von **Leitenzymen** (Enzymen die nur in **bestimmten** Organen, Geweben oder Organellen vorkommen)
- Einsatz in **medizinischer Diagnostik**
- z. B. Nachweis von **spezifischen Enzymen** aus **Herzmuskel** im Blut als Hinweis auf **Herzinfarkt**, Enzymaktivität von **Leberenzymen** („Leberwerte") als Hinweis auf Leberschäden

Einfluss des pH-Werts auf die Enzymaktivität
- Ursache: **pH-abhängige Dissoziation** funktioneller Gruppen im **aktiven Zentrum**
- entscheidend: **Protonierungszustand** des Aminosäurerests im aktiven Zentrum
- bei **extremem pH**: **Denaturierung** des Enzyms
- **optimaler pH**: oft zwischen 6 und 8 (aber nicht bei allen)

 Ausnahmen: pH-Optimum der Verdauungsenzyme **Pepsin** (pH 2–3) und **Trypsin** (pH 7–8) angepasst an Wirkungsort.

Einfluss der Temperatur auf die Enzymaktivität
- **Temperaturerhöhung** beschleunigt Reaktion (vgl. RGT-Regel), bei **zu hoher** Temperatur allerdings **Denaturierung** des Enzyms
- **Temperaturoptimum**: errechnet sich aus **Reaktionsbeschleunigung** durch Temperaturerhöhung und Beginn der **thermischen Denaturierung**

- **Beginn der Denaturierung**: bei meisten Enzymen bei 55–60 °C
- **Temperaturoptimum**:
  - Enzyme des **Menschen**: 37 °C
  - Enzyme **thermophiler Bakterien**: z. B. 75 °C

 Das chemische und physikalische Milieu einer Zelle beeinflusst die Enzymaktivität

☐ *gelernt (Campbell S. 117)*

6.3 Enzymkinetik

- befasst sich mit **Umsatzgeschwindigkeit enzymkatalysierter Reaktionen**
- **kinetische Parameter** erlauben **quantitative** Charakterisierung der **katalytischen Eigenschaften**

6.3.1 Michaelis-Menten-Kinetik

Michaelis-Komplex
- Komplex aus einen Enzym und seinem Substrat: **Enzym-Substrat-Komplex (ES)**
- kann zu E und S **dissoziieren** oder zur **Reaktion** führen (Bildung des **Produkts P**)

Annahmen für Michaelis-Menten-Kinetik
- Reaktion ist **exergonisch**
- **Gleichgewicht** auf Seiten der **Produkte**
- Reaktion befindet sich im **Fließgleichgewicht** (*steady state*) → Konzentration des **Enzym-Substrat-Komplexes [ES]** ändert sich nicht
- **Reaktionsgeschwindigkeit** ist proportional zu [ES]
- Rückreaktion ist **vernachlässigbar**
- Enzym zeigt **keine** allosterischen und kooperativen Effekte

Michaelis-Menten-Gleichung
- $v = \dfrac{v_{max}\,[S]}{(K_M + [S])}$
- beschreibt **Kinetik enzymatischer Umsetzungen**
- **v** = **Reaktionsgeschwindigkeit** bei Substratkonzentration [S]
- v_{max} = **maximale Umsatzgeschwindigkeit** bei **Substratsättigung**
- K_M = **Michaelis-Konstante**
- v_{max} und K_M sind **enzymspezifische** Konstanten → **unabhängig** von Enzymkonzentration

Michaelis-Konstante (K_M)
- **enzymspezifische Konstante**, beinhaltet mehrere **Geschwindigkeitskonstanten**
- Einheit: **mol l^{-1}**
- entspricht **Substratkonzentration** bei **halbmaximaler** Umsatzgeschwindigkeit
- abhängig von **Temperatur, pH-Wert** und **Ionenstärke**

Wechselzahl (k_{kat}, *turnover number*)
- **Zahl** der von einem Enzym **pro Zeiteinheit umgesetzten** Moleküle
- Einheit: **s^{-1}**

diffusionskontrollierte Reaktion
- Reaktion, deren **Geschwindigkeit** nur durch das **diffusionskontrollierte Zusammentreffen** von **Enzym** und **Substrat** limitiert wird

- in diesem Bereich arbeitende Enzyme: **kinetisch perfekte Enzyme**
  - z. B. **Katalase, Acetylcholinesterase**

Multienzymkomplex
- **Proteinkomplex** mit **mehreren aktiven Zentren**, an denen **mehrstufige Reaktionen** nacheinander stattfinden
- ermöglicht **Erhöhung der Gesamtgeschwindigkeit** mehrstufiger Reaktionen
- z. B. **Fettsäure-Synthase-Komplex, Pyruvat-Dehydrogenase-Komplex**

Siehe hierzu auch:
Die spezifische Verteilung von Enzymen in einer Zelle ordnet den Stoff-wechsel

(Campbell S. 121)

graphische Darstellung der Michaelis-Menten-Beziehung
- **direkte Auftragung** von **Reaktionsgeschwindigkeit** gegen **Substratkonzentration** ergibt **hyperbolische Kurve**
- daraus v_{max} nur ungenau ablesbar
- besser: **Linearisierung** → Ablesen der kinetischen Parameter als **Geradensteigung** oder **Achsenschnittpunkte**
- z. B. **doppelt reziproke** Auftragung nach **Lineweaver-Burk**:
  - Auftragung von $1/v$ gegen $1/[S]$ ergibt eine **Gerade** mit der **Steigung** K_M/v_{max}; **Ordinatenschnittpunkt**: $1/v_{max}$; **Abszissenschnittpunkt**: $-1/K_M$

6.3.2 Hemmung der Enzymaktivität

! Inhibitoren
- Substanzen, die **reversibel** oder **irreversibel** an **definierte Bereiche** eines Enzyms **binden** und so deren **Aktivität hemmen**

Siehe hierzu auch den Abschnitt „Enzyminhibitoren" Campbells Biologie.

gelernt (Campbell S. 119)

Irreversible Hemmung

- Inhibitor bildet **kovalente Bindungen** mit reaktiven Gruppen im aktiven Zentrum aus
- Enzym wird dabei **irreversibel zerstört**
- **Inhibitoren**: oft Quecksilber- oder organische Phosphorverbindungen

Suizid-Inhibitoren
- **Substratanaloga**, die an aktives Zentrum eines Enzyms binden und mit diesem **irreversibel** reagieren
- z. B. **Penicillin** → hemmt irreversibel Transpeptidase

Reversible Hemmung

- Inhibitor bindet **nicht-kovalent** an Enzym
- Bindung ist **reversibel** → Inhibitor kann z. B. durch **Erhöhung der Substratkonzentration** wieder von Enzym getrennt werden

Formen der reversiblen Hemmung (Abb. 6.3)

	kompetitive Hemmung	unkompetitive Hemmung	nicht-kompetitive Hemmung
Bindung des Inhibitors	bindet mit hoher Affinität **anstelle des Substrats** an freies Enzym → konkurriert um Bindungsstelle (→ **Kompetitor**)	bindet nur an **Enzym-Substrat-Komplex**, aber **nicht** an **freies** Enzym	bindet an **freies Enzym** oder **Enzym-Substrat-Komplex** → wird dadurch inhibiert
Bindungsstelle	am **aktiven Zentrum**	**muss nicht** im aktiven Zentrum liegen	an **anderer Stelle** als aktivem Zentrum → Substratbindung wird nicht behindert
v_{max}	bleibt unverändert	wird vermindert	wird vermindert
K_M	wird erhöht	wird vermindert	bleibt unverändert

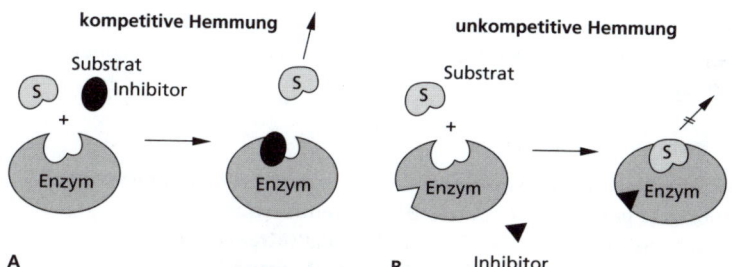

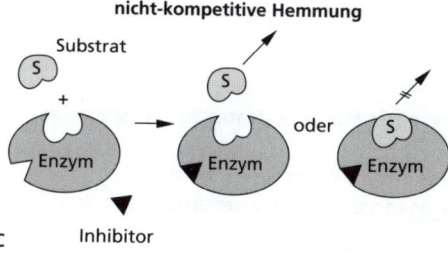

Abb. 6.3: Reversible Hemmung der Enzymaktivität: (A) kompetitive Hemmung, (B) unkompetitive Hemmung, (C) nicht-kompetitive Hemmung.

Substratanaloga (Strukturanaloga, Antimetabolite)
- **kompetitive** Hemmstoffe, die eine **strukturelle Ähnlichkeit** mit dem
  natürlichen Substrat aufweisen

Inhibitionskonstante (Hemmkonstante)
- **Dissoziationskonstante** für die Bindung des **Inhibitors** (I) an das
  Enzym (E)
- $K_I = \dfrac{[E]\,[I]}{[EI]}$
- K_I entspricht Inhibitorkonzentration, die den **K_M-Wert** der ungehemmte
  Reaktion scheinbar verdoppelt
- **apparenter K'_M-Wert**: höherer K_M-Wert in Anwesenheit von **kompetitivem
  Inhibitor** → Affinität für eigentliches Substrat scheint vermindert

quasi-irreversible Hemmung
- **kompetitive** Hemmung einer Reaktion durch einen Inhibitor mit
  sehr hoher Affinität für das Enzym
- **kinetisch** von **irreversibler kovalenter** Hemmung **nicht** zu unter-
  scheiden

Substrat- und Produkthemmung

Substrathemmung
- Hemmung der Enzymaktivität durch **hohe Substratkonzentrationen**
  (statt Annäherung an v_{max})
- **zusätzliche**, vom aktiven Zentrum unabhängige **Bindungsstelle**

Produkthemmung
- **kompetitive** Hemmung eines Enzyms durch das **Produkt**
- bei **hoher Produktkonzentration** wird aktives Zentrum nicht schnell
  genug für Substrat frei

6.3.3 Mehrsubstratreaktionen

- **mehrstufige Reaktion** an einem Enzym, in deren Verlauf **mehrere
  Substrate** gebunden werden (z. B. Gruppenübertragungen)
- Unterscheidung von **Uno-**, **Bi-** oder **Tri-Substratreaktionen**
- Bindung in **willkürlicher** oder **festgelegter Reihenfolge**
- **ternärer Komplex: gleichzeitige** Bindung von **2 Substraten** an ein Enzym
  im Verlauf einer Mehrsubstratreaktion

Pingpong-Mechanismus
- auch **doppelte Verdrängung**
- **Freisetzung** eines Produkts bei einer Mehrsubstratreaktion, **bevor** alle
  Substrate gebunden sind
- charakteristisch: **substituiertes Enzym-Zwischenprodukt**
- 1. Schritt: **Beladung** des Enzyms mit Gruppe, **Freisetzung** des ersten
  Produkts

- 2. Schritt: **Anlagerung** des 2. Substrats und dessen **Umsetzung** ($\rightarrow$ erfolgt erst nach Freisetzung des ersten Produkts)
- z. B. **Austausch von Aminogruppen** zwischen **Aminosäuren** und α-**Keto-säuren** (z. B. durch **Aspartat-Aminotransferase**)

6.4 Regulation der Enzymaktivität

> - durch **Enzymmenge** $\rightarrow$ **Induktion** bzw. **Repression** der entsprechenden **Gene**
> - durch **Aktivierung inaktiver Vorstufen (Zymogene)**
> - durch **kovalente Modifikation**, z. B. Phosphorylierung, Methylierung
> - durch **allosterische Effekte** bei Bindung von **Modulatoren** im allosterischen Zentrum $\rightarrow$ fördernde oder hemmende **Konformations-änderung**
> - durch **kooperative Substratbindung** $\rightarrow$ positive oder negative **Kooperativität**

Regulation durch Enzymmenge oder Bildung inaktiver Vorstufen

Leitenzyme
- Enzyme, die für **bestimmte** Zellen, Zellbereiche oder Gewebe **charakteristisch** sind und **nur dort** vorkommen
- werden dort **exprimiert** oder **dorthin transportiert**
- z. B. **Fumarase** der **Mitochondrien**

Enzymregulation auf Transkriptionsebene
- **induzierbare Enzyme**: werden **nur bei Bedarf** synthetisiert ($\rightarrow$ **Induktion**)
- **konstitutive Enzyme**: werden **kontinuierlich** synthetisiert
  - *housekeeping genes*: Gene, die für **konstitutive Enzyme** codieren
- **Endprodukt-Repression**: Enzymsynthese wird durch **Endprodukte** des entsprechenden Stoffwechselweges **unterdrückt**

Zymogenaktivierung
- Bildung **inaktiver Enzymvorstufen (Zymogene)**, die erst an ihrem Wirkungsort aktiviert werden
- z. B. Verdauungsenzym **Chymotrypsin**, als inaktive Vorstufe **Chymotrypsinogen** vom Pankreas sezerniert

---

Beispielhaft dargestellt ist die Aktivierung von Zymogenen im Dünndarm in Abbildung 41.18 in Campbells Biologie.

(Campbell S. 1036) gelernt

Schlüsselenzyme
- Enzyme, die an **Verzweigungspunkten (Schlüsselpositionen)** des **Stoffwechsels** stehen

- regulierte Reaktion ist oft **geschwindigkeitsbestimmender** Schritt einer Reaktionsfolge (**Schrittmacherreaktion**)
- ihre Aktivität ist **streng reguliert**, die der **weiteren** Enzyme des Stoffwechselweges **nicht**

Regulation durch kovalente Modifikation

kovalente Modifikation
- **reversible Übertragung** einer Gruppe auf ein Enzym unter Ausbildung einer **kovalenten Bindung**
- z. B. **Phosphorylierung**: Übertragung einer Phosphorylgruppe
- Modifikation führt zu **Konformationsänderung**: aktives Zentrum wird dadurch zugänglich (**Aktivierung** des Enzyms) oder unzugänglich (**Inaktivierung**)
- **Interkonversion**: Hin- und Herschalten zwischen aktivem und inaktivem Zustand

Regulation durch allosterische Effekte und Kooperativität

Stoffwechselkontrolle beruht oft auf allosterischer Regulation

☐ *gelernt (Campbell S. 119)*

allosterische Enzyme
- besitzen neben dem **aktiven Zentrum** eine **weitere Bindungsstelle**: das **regulatorische** oder **allosterische Zentrum** (*effector site*)
- hier bindet **nicht-kovalent** regulatorisches Molekül: **Regulator** (auch **Effektor** oder **Modulator**)
- dieser wird nicht umgesetzt, dient nur der Regulation (→ **Konformationsänderung**)
- **aktivierend** oder **inhibierend**
- **homotrope** Enzyme: **Substrat** selbst wirkt **regulierend**
- **heterotrope** Enzyme: **Regulator** und **Substrat** sind **nicht identisch**

Rückkopplungshemmung (Feedback-Hemmung)
- **Hemmung** eines Enzyms **am Anfang** eines Stoffwechselweges durch das **Endprodukt** dieses Weges

Feedforward-Stimulierung
- gegenteiliger Effekt: **Stimulierung** eines **nachfolgenden** Enzyms durch das Produkt einer **vorgeschalteten** Reaktion

Kooperativität
- voneinander abhängige, **aufeinander folgende Bindung** von Substraten an ein Enzym (Liganden **beeinflussen** Bindung weiterer Moleküle)
- Spezialfall **allosterischer** Wechselwirkung
- **positive Kooperativität**: Affinität für weiteres Substratmolekül **erhöht**
- **negative Kooperativität**: Affinität für weiteres Substratmolekül **verringert**

6.5 Mechanismen der Enzymkatalyse

Enzym-Mechanismen	!
kovalente Katalyse	Ausbildung von **kovalenten Bindungen** zwischen Enzym und Substrat
Metallionen-Katalyse	**Stabilisierung** geladener Übergangszustände oder **Elektronenübertragung** bei Redoxreaktionen durch Beteiligung von **Metallionen**
Säure-Base-Katalyse	Übertragung bzw. Entfernung von **Protonen** am Substrat

Kovalente Katalyse durch Serinproteasen

Proteasen
- **proteolytische Enzyme**: spalten **Peptidbindungen**
- **Endopeptidasen**: spalten **innerhalb** einer Polypeptidkette
- **Exopeptidasen**: spalten **am Ende** einer Polypeptidkette

Serinproteasen
- proteinspaltende Enzyme mit **essenziellem Serin-Rest** im aktiven Zentrum
- weit verbreitet bei Eukaryoten, Bakterien und Viren
- Einteilung in **Familien** mit **Sequenzhomologien**, Unterschiede in der Substratspezifität
- besitzen **katalytische Triade** aus **3 Aminosäuren**
- binden bei Katalyse Teil des Substrats **kovalent**
- **Acylierung** des Enzyms am Serin: Einbringen eines **Acyl-Restes** (-CO-R)
- **Stabilisierung** des Übergangszustands
- **Deacylierung**: Abspaltung des gebundenen Substrats → Übertragung des Acyl-Restes auf Wassermolekül

katalytische Triade
- für den Reaktionsmechanismus **essenzielle Funktionseinheit** im aktiven Zentrum von **Serinproteasen**
- aus **3 Aminosäuren**: **Histidin**, **Serin** und **Asparagin** in bestimmter geometrischer Anordnung
- die Aminosäuren liegen an **unterschiedlichen Stellen** der Polypeptidkette → durch **Tertiärstruktur** in räumlicher Nähe
- Funktion: **Erhöhung der Nucleophilie** der Hydroxylgruppe des Serins → **erleichtert Spaltung** der Peptidbindung

Das Prinzip der **katalytischen Triade** entwickelte sich während der Evolution mindestens zwei Mal unabhängig voneinander (**konvergente Evolution**).

Beispiele für Serinproteasen

Enzym	Bildungsort	Funktion
Chymotrypsin	Pankreas	Proteinverdauung
Trypsin	Pankreas	Proteinverdauung
Acrosin	Akrosom von Spermien	Durchdringen der Eihaut bei Befruchtung
Plasmin	Blutserum	Spaltung von Fibrin, Auflösung von Blutgerinnseln
Thrombin	Blutserum	Spaltung von Fibrinogen, Blutgerinnung
lysosomale Protease	Lysosomen	intrazelluläre Protein-verdauung

Metallionen-Katalyse

- Enzyme mit **Metallionen im aktiven Zentrum**
- dient zur **Stabilisierung** geladener Übergangszustände (**elektronische Katalyse**)
- oder zur **Stabilisierung** oder **Ausrichtung** bzw. **Aktivierung** von Substraten
- auch zur **Elektronenübertragung**, z. B. in Atmungskette

Metalloproteasen

- Proteasen mit einem **Metallion** (meist **Zn^{2+}**) im **aktiven Zentrum**
- zur **Aktivierung** eines **Wassermoleküls** für die Hydrolyse von Peptid-bindungen
- z. B. **Carboxypeptidase A**

Säure-Base-Katalyse

Lysozym

- **Hydrolase** von Vertebraten, z. B. aus Sekreten der Nasenschleimhaut, Hühnereiklar
- Funktion: **Schutz vor Bakterien** → spaltet glykosidische Bindungen im **Mureinsacculus** der Bakterienzellwand (oder auch von Chitin)
- an Katalyse **2 Aminosäurereste** beteiligt: **Glutamin** (Glu-35) und **Asparagin** (Asp-52)
- **pH-Optimum**: 5,5 → Carboxylgruppe von Glu-35 **protoniert**, die von Asp-52 **dissoziiert** (deprotoniert)
- **Übertragung des Protons** auf die zu spaltende Verbindung
- **Stabilisierung** des Übergangszustands durch dissoziierte (deprotonierte) Carboxylgruppe

6.6 Ribozyme

- **katalytisch** aktive **Ribonucleinsäuren** (RNAs)
- katalysieren z. B. **Spleißen** von rRNA, **Prozessierung** von tRNA durch RNAse P, **Transpeptidierung** bei Proteinsynthese
- **dreidimensionale Struktur** korreliert mit **katalytischer Aktivität**

Siehe hierzu auch den Abschnitt „Ribozyme" in Campbells Biologie.

(Campbell S. 367) gelernt ☐

Spleißen
- **Transphosphorylierung**: Phosphodiesterbindungen von **pre-rRNA** werden gespalten und wieder verknüpft
- **autokatalytischer** Prozess (→ **Selbstspleißen**)

Viroide
- **infektöse zirkuläre RNA-Moleküle** mit **pflanzenpathogener** Wirkung
- **RNA** im Gegensatz zu Viren **nicht** mit Proteinen assoziiert, codiert nicht für Proteine
- bei **Vermehrung** der **RNA** durch **Enzyme** der **Wirtszelle** Bildung langer Stränge (**Concatemere**)
- **Spaltung** der Stränge erfolgt durch **autokatalytisch** aktive RNA selbst (Ribozyme)
- dazu Ausbildung spezieller Tertiärstruktur (***hammerhead-*** bzw. ***hairpin-Struktur***)

Viroide und Prionen sind infektiöse Partikel und noch einfacher gebaut als Viren

(Campbell S. 397) gelernt ☐

7. Coenzyme

7.1 Coenzyme, Cofaktoren, prosthetische Gruppen

Cofaktoren
- Stoffe, die neben **Apoenzym** und **Substrat** für den **Ablauf** einer enzymatischen Reaktion **essenziell** sind
- **Coenzyme** oder **Metallionen**

Coenzyme
- **niedermolekulare** Verbindungen mit der Funktion eines **zweiten Substrats** (→ **Cosubstrat**)
- werden vom Enzym im Reaktionsverlauf **gebunden** und **verändert**
- **Regeneration** durch Reaktion mit **zweitem Enzym** (Abb. 7.1)
- fast **universelle Verwendung** in der Biologie
- oft **Nucleotid-Derivate**
- Bedeutung: **Überträgerfunktion** für **Reduktionsäquivalente** oder verschiedene **Atom-** bzw. **Molekülgruppen**
- **Einteilung** nach **Reaktionen**, an denen sie beteiligt sind

prosthetische Gruppe
- **kovalent** an ein Protein gebundener **Cofaktor**
- **Regeneration** nicht durch zweites Enzym, sondern **zweites Substrat**

Siehe hierzu auch den Abschnitt „Cofaktoren" in Campbells Biologie.

□ *gelernt (Campbell S. 117)*

Vitamine
- zur Bildung bestimmter **Coenzyme** benötigte **Vorstufen** (Wachstumsfaktoren)

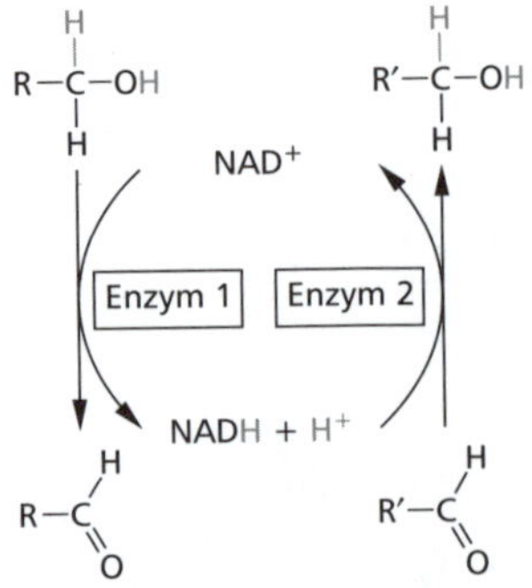

Abb. 7.1: Reaktionszyklus mit einem Coenzym: Dehydrierung mit NAD^+ als Coenzym, Regeneration durch zweites Enzym.

Einteilung der Coenzyme und prosthetischen Gruppen

Coenzym bzw. prosthetische Gruppe	Übertragung von bzw. beteiligt an
1. Cofaktoren der Oxidoreductasen	
– NAD, NADP, FMN, FAD, Faktor 420, Chinone, Glutathion, Tetrahydrobiopterin	Wasserstoff
– Liponsäure	Wasserstoff, Acylgruppen
– FeS-Cluster, Porphyrine (z. B. Häm, Chlorophyll)	Elektronen
2. gruppenübertragende Coenzyme	
a) Coenzyme für den Transfer von C_1-Fragmenten	
– S-Adenosylmethionin (SAM), Cobalamin (Vitamin B_{12}), Coenzym M und B	Methylgruppe
– Tetrahydrofolat (THF)	Methyl-, Formyl-, Formiminogruppe
– Biotin	Carboxylgruppe
b) Coenzyme für den Transfer von C_2- und größeren Fragmenten	
– Coenzym A	Acylreste, v. a. Acetylrest
– Thiamindiphosphat	Aldehydgruppen
– Carnitin	Acylrest
c) weitere gruppenübertragende Coenzyme	
– ADP	Phosphorylgruppe, Adenylrest, Zucker (bei Pflanzen)
– PAPS	Sulfatrest
– UDP	Zucker- und Zuckerderivate
– CDP	z. B. Cholin
– Pyridoxalphosphat (PLP)	Aminogruppe
3. Coenzyme der Lyasen, Isomerasen und Ligasen	
– Thiamindiphosphat (TDP)	Decarboxylierung
– Pyridoxalphosphat (PLP)	Eliminierung am α-C-Atom von Aminosäuren
– Cobalamin	Isomerisierungen
– Uridindiphosphat (UDP)	Isomerisierung (Zucker)

7.2 Cofaktoren der Oxidoreductasen

- dienen der **Elektronenübertragung** bei **Redoxreaktionen** (Ein- oder Zwei-Elektronen-Übergänge)
- Übertragung von **einzelnen Elektronen** oder gemeinsam **mit Proton**
- Letztere = „**Wasserstoff übertragende**" **Coenzyme**; Enzyme = **Dehydrogenasen**
- **Reduktionsäquivalente**: Synonym für **Elektronen**, die bei Redoxreaktionen übertragen werden
- Übertragung von **2 Elektronen mit 1 Proton**: entspricht **Hydridion** (H^-)
  - z. B. durch **Nicotinamidnucleotide**
- Übertragung von **2 Elektronen nacheinander**: z. B. durch **Flavinnucleotide**, **Chinone**
- Übertragung von **einzelnen Elektronen**: durch **Metalloproteine**

Nicotinamidnucleotide (Abb. 7.2)
- **Nicotinamidadenindinucleotid** (**NAD**) und **Nicotinamidadenindinucleotidphosphat** (**NADP**) (mit zusätzlicher Phosphorylgruppe an 2'-Stellung der Ribose)
- enthalten **Nicotin(säure)amid**: zählt zu **B-Vitaminen** (Nicotinsäure und Nicotinamid meist zusammen als **Niacin** bezeichnet)
- in **oxidierter** Form mit **positiver Ladung** am Pyridinring
- übertragen 1 **Hydridion** (bzw. 2 Elektronen und 1 Proton)

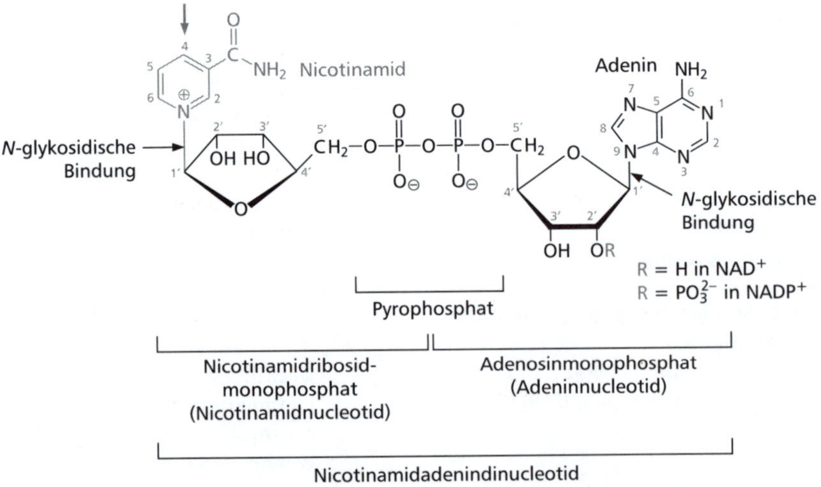

Abb. 7.2: Struktur von NAD+ und NADP+ (der Pfeil bezeichnet die reaktive Stelle, das C4-Atom im Pyridinring, auf das ein Hydridion vom Substrat übertragen wird).

- **nicht** enzymgebunden
- **reduzierte** und **oxidierte** Form mit **unterschiedlichen Absorptionsspektren**
- **NAD**: v. a. Elektronenüberträger im **katabolen Stoffwechsel**
- **NADP**: v. a. Elektronenüberträger im **anabolen Stoffwechsel**
- **Redoxpotenzial** beider Formen: −0,32 V

- **Nicotinsäure** und **Nicotinsäureamid** sind **keine** eigentlichen Vitamine für den **Menschen** → können beim **Abbau** der Aminosäure **Tryptophan** gebildet werden
- **Pellagra**: Krankheitsbild bei **Nicotinsäureamidmangel** (z. B. bei tryptophanarmer Ernährung)

Proteine können trotz der Ähnlichkeit genau zwischen **NAD** und **NADP** unterscheiden (anhand der Phosporylgruppe):
- **NAD**: als **Akzeptor** von **Reduktionsäquivalenten** bei **Oxidationen** verwendet
- **NADP**: als **Donor** von **Reduktionsäquivalenten** bei **Reduktionen** verwendet

---

Flavinnucleotide

- **Flavinadenindinucleotid (FAD)** und **Flavinmononucleotid (FMN)**
- enthalten **Riboflavin (Vitamin B$_2$)**
- **reaktiver** Teil: **Isoalloxazinring**
- **fest** – aber **nicht immer kovalent** – an ein **Enzym** gebunden
- **Coenzyme** vieler **Dehydrogenasen** und **Oxidasen**
- **sukzessive** Übertragung von **2 Reduktionsäquivalenten** unter Ausbildung einer **radikalischen Semichinon-Struktur** (Abb. 7.3)
- Hydridionen-Transfer möglich
- können zwischen **Ein-** und **Zwei-Elektronen-Übergängen** vermitteln
- **reduzierte** und **oxidierte** Form mit **unterschiedlichen Absorptionsspektren**
- **Redoxpotenzial** durch **Apoenzyme** beeinflussbar

Abb. 7.3: Sukzessive Übertragung von 2 Elektronen durch Flavinnucleotide (reaktive Stellen grau hervorgehoben).

Flavoproteine

- **Enzyme**, die **Riboflavin** als **Vorstufe** für die Biosynthese ihrer **Coenzyme** bzw. **prosthetischen Gruppen** benötigen ($\rightarrow$ FAD oder FMN als Coenzym)
- meist **gelb** gefärbt
- oft zusätzlich mit **Metallionen** (z. B. Cu, Fe, Mn)
- Funktionen: **Elektronenüberträger** in der **Atmungskette**, Einführung von **Doppelbindungen** in **gesättigte Kohlenwasserstoffe** (z. B. bei β-Oxidation der Fettsäuren)

Faktor 420

- **Flavinderivat** der **methanogenen Archaea** (verwenden molekularen Wasserstoff direkt als Elektronenüberträger)
- **Hydridionen**-Überträger
- Redoxpotenzial: −0,35 V

Chinone

- **sukzessive** Übertragung von **2 Reduktionsäquivalenten**
- oft **membranständig**
- **Ubichinon** und **Menachinon**: Elektronenüberträger in der **Atmungskette**; frei in der Membran beweglich
- **Plastochinon** und **Phyllochinon**: Elektronenüberträger bei der **Photosynthese**; frei in der Membran beweglich
- **Chinoproteine**: enzymgebundene **Chinon-Cofaktoren**
- **Naphthochinon**: bei einigen **Bakterien** neben Ubichinon
- **Methanophenazin**: bei **methanogenen Bakterien** statt membrangebundener Chinone

---

- **Menachinon** und **Phyllochinon** sind für den Menschen als **Vitamin K** von Bedeutung
- alle Organismen, die **Ubichinone** besitzen, können diese selbst synthetisieren

---

Glutathion (GSH)

- **Tripeptid** mit **freier SH-Gruppe**
- beteiligt an **Aufrechterhaltung** des **reduzierenden Milieus** in der Zelle (hält SH-Gruppen von Cystein in reduziertem Zustand)
- dabei **Oxidation** der reduzierten Form (**GSH**) zu **Glutathiondisulfid** (**GSSG**)
- Coenzym der **Glutathion-Peroxidase** ($\rightarrow$ **Schutz** gegenüber **Peroxiden**)
- **Kopplung** verschiedener Substanzen an Glutathion (**Glutathion-S-Konjugate**) zum Zweck des **Austransports** aus der Zelle bei Eukaryoten $\rightarrow$ **Entgiftung**
  - katalysiert durch **Glutathion-Transferasen**

Tetrahydrobiopterin (BH$_4$)

- **Wasserstoffüberträger** bei **Hydroxylierungen** von **aromatischen Aminosäuren**

- **Mangel** führt zu **Phenylketonurie (PKU)** und **neurologischen Störungen** (→ auch Synthese von **Serotonin, Dopamin, Adrenalin** und **Noradrenalin** vermindert)

Liponsäure
- über einen **Lysinrest** an ein Protein gebunden (**Liponamid**)
- fungiert als Coenzym bei **oxidativen Decarboxylierungen**
- wird bei Reaktion zu **Dihydroliponamid** reduziert

Metallionen
- **einzelne Metallionen** können **Cofaktoren** sein
- Elemente: **Co, Cu, Fe, Mn, Mo, Ni, V, W, Zn**
- z. B. Cu^{2+} in der Cytochrom-c-Oxidase, Zn^{2+} in der Carboanhydrase
- z. T. auch in **Komplexen**, z. B. in Porphyrinen

Eisen-Schwefel-Cluster (FeS-Cluster)
- charakteristische Bestandteile der **Eisen-Schwefel-Proteine**
- **käfigartige Strukturen** aus **Eisen-** und **Sulfidionen** (S^{2-}) → als **Cofaktor** bei **Redoxreaktionen** Übertragung eines Elektrons
- z. T. **Sensorfunktion** für bestimmte Substanzen (→ Strukturänderung)
- **Ferredoxine**: kleine Eisen-Schwefel-Proteine speziell für Elektronenübertragung
  - z. B. an **Photosynthese** beteiligt

Eisen-Schwefel-Cluster sind evolutiv **sehr alte** Strukturen und beschränkt auf **Prokaryoten, Mitochondrien** und **Chloroplasten**.

Molybdopterin
- bildet zusammen mit **Molybdänion** den **Molybdän-Cofaktor (Mo-Co)**
- Cofaktor verschiedener **Oxidasen**

Metallporphyrine als Cofaktoren

Porphyrine (Abb. 7.4)
- Grundgerüst: **Porphin** (zyklisches **Tetrapyrrol**) (Abb. 7.4A)
- weit verbreitet: **unterschiedlich reduziert**, mit **variablen Seitenketten** und **verschiedenen Zentralatomen**
- Biosynthese: über **δ-Aminolävulinat**
  - bei Pflanzen, Archaea und den meisten Bacteria: ausgehend von **Glutamat**
  - bei Säugetieren, Vögeln und einigen Bacteria: aus **Succinyl-CoA** und **Glycin**

Metallporphyrine
- **Cofaktoren** aus einem **Porphin-Derivat** mit einem **zentralen Metallion**

Häm-Gruppen (Abb. 7.4B)
- Komplexe von **Porphyrinen** mit **Eisenionen**

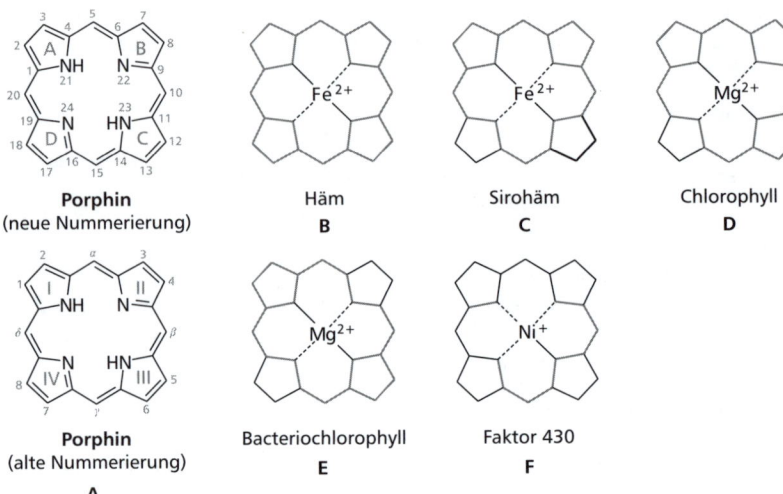

Porphin (neue Nummerierung) | **Häm** B | **Sirohäm** C | **Chlorophyll** D

Porphin (alte Nummerierung) **A** | **Bacteriochlorophyll** E | **Faktor 430** F

Abb. 7.4: Strukturen zyklischer Tetrapyrrole: (A) Alte und neue Nomenklatur des Porphins, (B) bis (F) Beispiele (konjugierte Doppelbindungen hervorgehoben).

Hämproteine

- Proteine mit **Hämgruppen**, z. B. Hämoglobin, Myoglobin
- bei **Sauerstoff transportierenden** Hämproteinen erfolgt **keine Änderung der Oxidationsstufe** des Eisens

Cytochrome

- **Hämproteine**, bei deren Reaktionsverlauf eine **Änderung der Oxidationsstufe** des Eisens erfolgt
- Funktion: **Elektronentransport**, z. B. in Atmungskette, Photosynthese
- **Cytochrom c**: Hämgruppe über **2 Cysteine** kovalent an Proteingerüst gebunden
  - beteiligt an **Elektronentransport** in der **Atmungskette**
- **Cytochrome P$_{450}$**: membranständige Proteine, die als **Monooxygenasen** wirken
- **Cytochrome P$_{450}$-Hydroxylasen**: an Entgiftungsreaktionen (**Biotransformationen**) in der Leber beteiligt

 Fast alle Organismen mit **Atmungskette** besitzen **Cytochrom c**. Struktur hat sich in den letzten 1,5 Mrd. Jahren kaum verändert.

Chlorophylle (Abb. 7.4D, E)

- Komplexe von **Porphyrinen** mit **Magnesiumionen**
- **Pigmente** von höheren Pflanzen, Grünalgen und einigen Bakterien

- Funktion: **Lichtabsorption** bei der Photosynthese
- **Phäophytin**: Porphyringerüst der Chlorophylle **ohne** zentrales Magne-
  siumion

Zur Struktur von Chlorophyll siehe Abbildung 10.9 in Campbells Biologie.

(Campbell S. 218) gelernt ☐

Sirohäm-Gruppen (Abb. 7.4C)
- Komplexe von **teilweise gesättigten Porphyrinen** mit **Eisenionen**
- Funktion: **Cofaktoren** der **Nitrit-** und **Sulfitreductasen** bei Pflanzen und
  Bakterien

Faktor 430 (Abb. 7.4F)
- Komplex eines **Porphyrinoids** mit einem **Nickelion**
- Funktion: **Cofaktor** der **Methyl-Coenzym-M-Reductase** in methanogenen
  Archaea

7.3 Coenzyme für den Transfer von C_1-Fragmenten

- übertragen Bruchstücke von Verbindungen mit **1 Kohlenstoffatom**

C_1-Fragment	Summenformel	Übertragung durch
Methylgruppe	$-CH_3$	S-Adenosylmethionin, Tetra-hydrofolat, Cobalamin
Hydroxymethylgruppe	$-CH_2OH$	Tetrahydrofolat
Formylgruppe	$-CHO$	Tetrahydrofolat
Carboxylgruppe	$-COOH$	meist Biotin

S-Adenosylmethionin (SAM)
- häufigster **Methylgruppen-Überträger**
- entsteht durch Übertragung von **Methionin** auf **ATP**
- **Akzeptoren** der Methylgruppen: v. a. **Aminogruppen**

Tetrahydrofolat (THF)
- Überträger **verschiedener** C_1-Fragmente unterschiedlicher Oxidations-
  stufen
- Vorstufe **Folat** für Säuger **essenziell** (Vitamin) → im Organismus
  Reduktion zu **Dihydrofolat** (**DHF**) und weiter zu **THF**
- C_1-Fragmente v. a. aus Umwandlung von **Serin** zu **Glycin** und **Glycin-
  abbau**
- **methanogene Archaea** mit **Tetrahydromethanopterin** bzw. **Methan-
  opterin** als C_1-Überträger

§ Sulfonamide (Sulfanilamide)
- **hemmen** die **Folsäure-Synthese** bei Bakterien
- verdrängen kompetitiv **p-Aminobenzoesäure**
- führt zu **Wachstumshemmung (bakteriostatische Wirkung)**
- Tiere und Menschen können Folat **nicht** synthetisieren → **keine** Reaktion auf Sulfonamide

Biotin
- Überträger von **Carboxylgruppen**
- **Vitamin** für Menschen und Tiere
- **prosthetische Gruppe** vieler **Carboxylasen, Decarboxylasen** und **Transcarboxylasen**
- **Biocytin**: mit **Lysinrest** des Enzyms konjugiertes Biotin
- Beispiele für **Carboxylierungen**: von Acetyl-CoA zu Malonyl-CoA bei Fettsäuresynthese, Bildung von Oxalacetat aus Pyruvat
- **Biotin bindende Proteine**: z. B. **Avidin**, **Streptavidin** → genutzt zur Detektion biotinhaltiger Enzyme oder biotinylierter Substanzen

7.4 Coenzyme für den Transfer von C$_2$- und größeren Fragmenten

Coenzym A (CoA-SH, CoA) (Abb. 7.5)
- Überträger von **Acylresten**, die als **Thioester** gebunden werden
- **endergonische** Reaktion → muss mit **exergonischer gekoppelt** werden (z. B. oxidative Decarboxylierung)
- Vorstufe **Pantothensäure** → für Menschen und viele andere Organismen **Vitamin**
- **reaktive** Gruppe: **Sulfhydrylgruppe** des Cysteamins

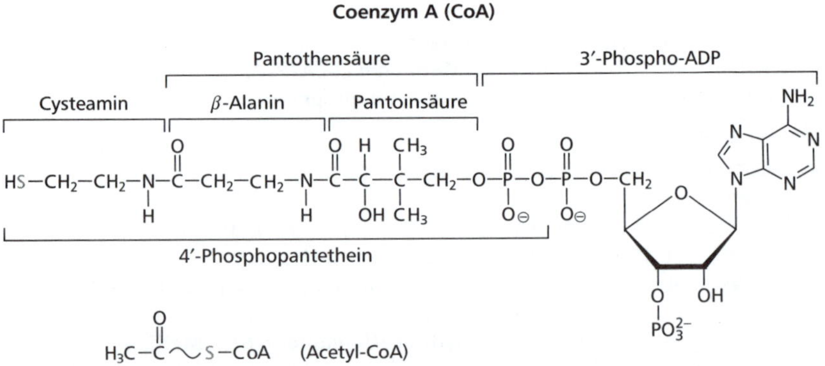

Abb. 7.5: Struktur von Coenzym A bzw. Acetyl-CoA.

Acetyl-CoA („aktivierte Essigsäure") (Abb. 7.5)
- **Thioester** aus **Essigsäure** und **Coenzym A**
- **zentrales Zwischenprodukt** des **Bau-** und **Energiestoffwechsels**
- stammt aus **Abbau** von **Kohlenhydraten**, einigen **Aminosäuren** und **Fettsäuren** (z. B. β-Oxidation der Fettsäuren, Decarboxylierung von Pyruvat)
- verwendet für **Citratzyklus** oder zur **Neusynthese** von **Fettsäuren, Isoprenoiden, Cholesterin**
- **Reaktionsmöglichkeiten**: an der **Methylgruppe** oder am **Carbonyl-Kohlenstoff**

weitere Coenzyme
- **Liponsäure** und **Thiamindiphosphat**: Überträger von **Aldehyden** auf Coenzym A bei oxidativer Decarboxylierung von α-Ketosäuren
- **Carnitin**: Überträger von **Acylgruppen** beim Transport über innere Mitochondrienmembran

7.5 Energiereiche Phosphorverbindungen als Cofaktoren

Nucleotide als Cofaktoren im Überblick

Nucleotid	Funktion
ATP	wichtigster Phosphorylgruppen-Überträger
cAMP	bei Eukaryoten Botenstoff bei der intrazellulären Signalübertragung; bei Bakterien Funktion bei der Transkriptionskontrolle
PAPS	wichtigster Sulfatgruppen-Überträger
UTP	Aktivierung von Glucose im Kohlenhydratstoffwechsel
CTP	Überträger von Ethanolamin und Cholin bei der Synthese von Phospholipiden
GTP	Funktion bei der Signalweiterleitung durch G-Proteine innerhalb von Zellen
cGMP	Funktion in den Stäbchen der Retina beim Sehvorgang

Adenosintriphosphat (ATP) (Abb. 7.6)
- wichtige **energiereiche Verbindung** im **Energie-** und **Baustoffwechsel**
- **Nucleosid: Adenosin** – Purinbase **Adenin** über **β-N-glykosidische Bindung** mit D-**Ribose** verknüpft

- **Nucleotide: Phosphorsäureester** der Nucleoside (bei ATP mit 3 Phosphatgruppen)
- erste Phosphatgruppe über **Esterbindung** gebunden, weitere über **Säureanhydridbindungen**
- **Übertragung** der **endständigen Phosporylgruppen** katalysiert durch **Kinasen**
- **Phosporylierung** bewirkt z. B.:
  - **Aktivierung** zellulärer Brennstoffe für weiteren Abbau
  - **Regulation** der enzymatischen Aktivität von Proteinen
- Übertragung der Phosporylgruppe auf **Wasser** entspricht **Hydrolyse**
  → katalysiert durch **Adenosintriphosphatasen (ATPasen)**

Siehe hierzu auch:
ATP treibt die zelluläre Arbeit voran, indem es exergonische und endergonische Teilreaktionen koppelt

□ *gelernt (Campbell S. 111)*

Beispiele für Reaktionen mit ATP als Gruppendonor
- Übertragung der endständigen **Phosphatgruppe**: z. B. auf **Hydroxylgruppe**
- Übertragung des **Adenosylrestes (Adenosin)**: z. B. auf **Methionin** (→ Entstehung von S-Adenosylmethionin)
- Übertragung von **Adenylresten (AMP)**: z. B. auf **Hydroxylgruppe** bei RNA-Synthese, z. B. auf **Carboxylgruppen** bei Beladung von tRNAs mit Aminosäuren (jeweils unter **Freisetzung von Pyrophosphat**)

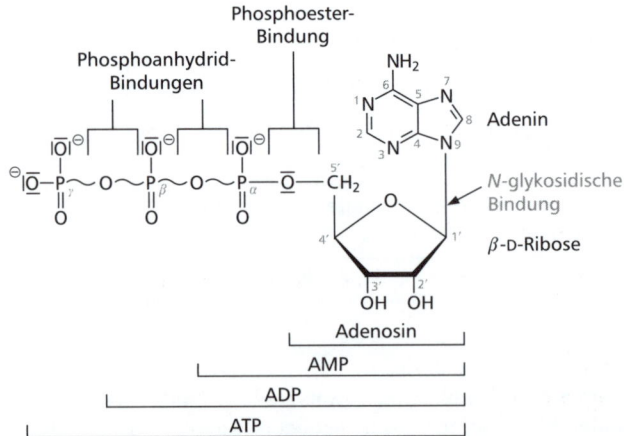

Abb. 7.6: Struktur von ATP (Adenosin = Nucleosid; AMP, ADP und ATP = Nucleotide).

- Übertragung von **Pyrophosphat (PP$_i$)**: entsteht durch ATP-Spaltung bei Fettsäure- bzw. Aminosäureaktivierung; Übertragung z. B. auf **Thiamin** bei Bildung von Thiamindiphosphat

zyklisches Adenosin-3',5'-monophosphat (cAMP)
- wichtiger **sekundärer Botenstoff** (*second messenger*) bei Eukaryoten → **intrazelluläre Signalübertragung**
- bei Bakterien **Transkriptionskontrolle**

Phospho-APS (PAPS)
- „aktiviertes Sulfat": entsteht durch **Phosphorylierung** von **Adenosin-5-phosphosulfat (APS)**
- **Sulfatgruppen übertragendes** Coenzym in der Leber von Säugetieren

weitere Nucleotide
- **Uridintriphosphat (UTP)**: wichtige Rolle im **Kohlenhydratstoffwechsel** → Aktivierung von Glucose (**UDP-Glucose**)
- **Cytidintriphosphat (CTP)**: Überträger von Ethanolamin und Cholin bei **Synthese von Phospholipiden**
- **Guanosintriphosphat (GTP)**: Bindung durch **G-Proteine** (GTP-bindende Proteine) → **intrazelluläre Signalweiterleitung**

Es gibt auch andere **energiereiche Phosphorverbindungen** als Nucleotide, die als **Cofaktoren** fungieren, z. B. **Glucose-1,6-bisphosphat** oder **2,3-Bis-phosphoglycerat**.

7.6 Coenzyme der Lyasen, Isomerasen und Ligasen

Thiamindiphosphat (TDP, Thiaminpyrophosphat, TPP)
- besteht aus **Thiazol-** und **Pyrimidinring** und **2 Phosphorylresten**
- Vorstufe **Thiamin** ist für Tiere **essenziell (Vitamin B$_1$)**
- Coenzym der **α-Ketosäure-Dehydrogenase-Komplexe** (z. B. Pyruvat-Dehydrogenase-Komplex) und der **Transketolase**

Pyridoxalphosphat (PLP)
- **wichtigstes** Coenzym im **Aminosäurestoffwechsel** → z. B. von **Aminotransferasen**, **Aminosäuredecarboxylasen**, verschiedenen **Ligasen** und **Lyasen**
- **aktive** Form von **Vitamin B$_6$**
- bildet mit Aminogruppen **Schiffsche Basen (Imine)**

Cobalamin (Coenzym B$_{12}$)
- Grundstruktur: **Corrin-Ringsystem** mit **Cobalt** als zentrales Ion
- **2 aktive Formen** im Stoffwechsel:
  - **Methyl-Cobalamin (Meth-CoB$_{12}$)**
  - **5'-Desoxyadenosyl-Cobalamin (Ade-CoB$_{12}$)**

- **essenziell** für Tiere und viele Mikroorganismen (**Vitamin B$_{12}$**)
- **Synthese** ausschließlich durch **anaerobe Prokaryoten**
- bei Bakterien **zahlreiche** B$_{12}$-abhängige Reaktionen
- bei Säugern nur **2 B$_{12}$-abhängige Reaktionen**:
  - **Isomerisierung** von **Methylmalonyl-CoA** zu **Succinyl-CoA**
  - Bildung von **Methionin** aus **Homoserin**
- bei Pilzen und Pflanzen **keine** B$_{12}$-abhängigen Reaktionen bekannt

---

 metallorganische Bindung
- chemische Besonderheit von **Cobalamin** (sonst nur bei **F$_{430}$-abhängigen Methanbildung**)
- bei Cobalamin: **kovalente Atombindung** zwischen **Cobaltion** und **Adenosyl-** bzw. **Methylrest**

---

8. Stoffwechsel

8.1 Grundprinzipien des Stoffwechsels

Die Chemie des Lebens ist in Stoffwechselwegen organisiert

(Campbell S. 104) gelernt ☐

- **Organismen** stehen mit ihrer **Umwelt** in einem **Fließgleichgewicht** (Abb. 8.1) **!**
- **Aufnahme** von **Lichtenergie (Photonen)** oder **chemischer Energie** (Proteine, Fette, Kohlenhydrate, auch einfache organische Verbindungen) aus der Umwelt
- **Umwandlung** der Energie in mobile chemische Verbindung (**ATP** als zentrale Energiewährung) und **Speicherung**
- **Nutzung** der Energie für **Arbeitsleistungen** der Zelle (→ Biosynthesen, Transport, Bewegung, Wahrnehmung, Zellteilung, Wachstum, Vermehrung)
- bei Reaktionen zur Speicherung und Nutzung der Energie **30–40 %** **Wärmeverlust**
- aufgenommene Substrate z. T. als **Vorstufen** für **Biosynthesen**
- **Abgabe** von energiearmen **Abfallstoffen**

Stoffwechsel (Metabolismus) **!**
- Gesamtheit der **Lebensprozesse** in einer **Zelle** (bzw. einem Organismus)
- besteht aus **Energiestoffwechsel** und **Leistungsstoffwechsel**

a) Energiestoffwechsel
- Gesamtheit der Stoffwechselwege, die der **Energiebereitstellung** der Zelle dienen
- **chemotroph**: Konservierung von **chemischer Energie** in Form energiereicher Verbindungen
- **phototroph**: Konservierung von **Lichtenergie** in Form energiereicher Verbindungen

b) Leistungsstoffwechsel
- Gesamtheit aller **Energie verbrauchenden** Prozesse in einer Zelle
- hierfür benötigte Energie stammt aus **Energiestoffwechsel**
- **Anabolismus, Transport, Wahrnehmung, Bewegung**

! **Katabolismus**
- **Abbau organischer Verbindungen** im Energiestoffwechsel (bei einigen Prokaryoten auch **anorganische** Verbindungen)

Anabolismus (Baustoffwechsel)
- **Aufbau körpereigener Substanz** aus Nährstoffen im Leistungsstoffwechsel (**Biosynthesen**)

Lokalisation einiger anaboler und kataboler Stoffwechselwege

Stoffwechselweg	Prokaryoten	Eukaryoten: pflanzliche Zellen	Eukaryoten: tierische Zellen
Glykolyse	Cytoplasma	Cytoplasma, z. T. auch Plastiden	Cytoplasma
Synthese von Speicherkohlenhydraten	Cytoplasma	Plastiden (Stärke)	Cytoplasma (Glykogen)
Gärung	Cytoplasma	Cytoplasma	Cytoplasma
Citratzyklus	Cytoplasma	Mitochondrien	Mitochondrien
Gluconeogenese	Cytoplasma	Cytoplasma, auch Plastiden	Cytoplasma
Pentosephosphatweg	Cytoplasma	Cytoplasma, modifiziert auch Chloroplasten	Cytoplasma
oxidativer Fettsäureabbau	Cytoplasma	Glyoxisomen, Peroxisomen	Mitochondrien, auch Microbodies
Fettsäuresynthese	Cytoplasma	Plastiden	Cytoplasma
Glyoxylatzyklus	Cytoplasma	Glyoxisomen	–
Endoxidation	Cytoplasmamembran	Mitochondrienmembran	Mitochondrienmembran
Photosynthese	Cytoplasmamembran, intracytoplasmatische Membran	Chloroplastenmembran	–

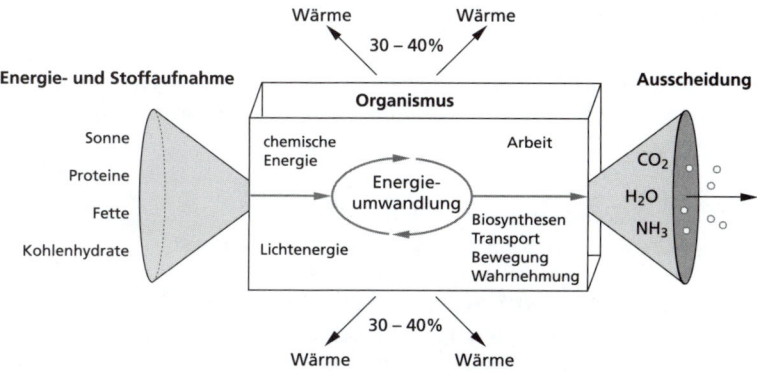

Abb. 8.1: Fließgleichgewicht lebender Organismen mit ihrer Umwelt.

Unterteilung der Organismen nach ihrer Energiequelle　　　　　　　　　**!**

Organismentyp	Energiequelle
Phototrophe	Licht
Chemotrophe	Oxidation chemischer Verbindungen

Unterteilung der Organismen nach ihrer Kohlenstoffquelle

Organismentyp	Kohlenstoffquelle
Autotrophe	CO_2
Heterotrophe	organisch

Unterteilung der Organismen nach Herkunft der Elektronen

Organismentyp	Elektronendonor
Lithotrophe	anorganisch
Organotrophe	organisch

- genauere Bezeichnung der Stoffwechseltypen: z. B. **Chemoorganohetero-trophe**, **Photolithoautotrophe**

Vergleiche hierzu auch:
Prokaryoten können nach der Art ihrer Kohlenstoff- und Energiequellen in
vier Kategorien eingeteilt werden

(Campbell S. 634) gelernt ☐

8.1.1 Die zentrale Rolle von ATP

In Abbildung 9.2 in Campbells Biologie *sind die verschiedenen Nutzungen von ATP für die Aktivitäten der Zelle im Überblick zusammengefasst.*

☐ *gelernt (Campbell S. 186)*

! **ATP (Adenosintriphosphat)** (s. Abb. 7.6)
- aus **Adenosin** und **3 Phosporylgruppen** (Phosphatresten)
- innerste über **Esterbindung** mit Ribose verknüpft, die beiden äußeren durch **energiereiche Phosphorsäureanhydridbindungen**
- **stark exergonische Spaltung** der Phosphorsäureanhydridbindungen zu **ADP** und **anorganischem Phosphat (P_i)** bzw. **AMP** und **Pyrophosphat (PP_i)**
- **Änderung der freien Enthalpie** bei Hydrolyse:
  - $\Delta G0' = -30{,}5$ kJ/mol für ATP$\rightarrow$ ADP + P_i
  - $\Delta G0' = -45{,}6$ kJ/mol für ATP $\rightarrow$ AMP + PP_i
- **Energielieferant** für
  - **Biosynthesen**
  - Erzeugung von **Wärme** und **Biolumineszenz**
  - **Bewegungen**
  - Erzeugung bzw. Aufrechterhaltung von **Ionengradienten** über Membranen
  - **aktive Transportvorgänge**
- dient weiterhin z. B. als **Baustein** von **Biomolekülen**, **Cofaktor**

ATP treibt die zelluläre Arbeit an, indem es exergonische und endergonische Teilreaktionen koppelt

☐ *gelernt (Campbell S. 111)*

Die Zellen müssen das ATP regenerieren, das sie bei ihren Aktivitäten verbrauchen

☐ *gelernt (Campbell S. 186)*

ATP ist besonders gut als **Energiespeicher** geeignet, da die **Hydrolyse kinetisch gehemmt** ist und nur in Anwesenheit eines **katalysierenden Enzyms** erfolgt. Daher kein Energieverlust durch unkontrollierte Hydrolyse.

Phosphorylgruppenübertragungspotenzial
- **Neigung** einer Verbindung, eine **Phosphorylgruppe** auf **H_2O** zu übertragen
- abhängig von der **Differenz** aus der **freien Enthalpie $\Delta G^{0'}$** einer **phosphorylierten Verbindung** und ihrer **Hydrolyseprodukte**
- Übertragung erfolgt immer von einer Verbindung mit **negativerem** $\Delta G^{0'}$ auf eine Verbindung mit **positiverem** $\Delta G^{0'}$

- z. B. kann **ATP** Phosphorylgruppe auf Substanzen mit **geringerem** Gruppenübertragungspotenzial übertragen, **ADP** kann von Substanzen mit **höherem** Gruppenübertragungspotenzial zu ATP phosphoryliert werden

Nucleosiddiphosphat-Kinase
- relativ **unspezifisches Enzym**, das die **reversible** Reaktion von **ATP** mit anderen **Nucleosidtriphosphaten** katalysiert

Energieladung
- Maß für den **Energiezustand** einer Zelle
- abhängig vom **Verhältnis** der Summe aus der **ATP-Konzentration** und der **halben ADP-Konzentration** sowie der Summe der **Konzentrationen aller Adeninnucleotide** (ATP, ADP, AMP)
- Energieladung $= \dfrac{[ATP] + \frac{1}{2}\,[ADP]}{[ATP]+[ADP]+[AMP]}$
- Wert liegt zwischen 0 (**nur AMP**) und 1 (**nur ATP**)

Phosphorylierungspotenzial
- weiteres Maß für den **Energiezustand** einer Zelle
- **Verhältnis** der Konzentration von **ATP** und Produkt der Konzentrationen von **ADP** und P_i
- Phosphorylierungspotenzial $= \dfrac{[ATP]}{[ADP]\,[P_i]}$

8.1.2 Weitere energiereiche Verbindungen

- neben **Phosphorsäureanhydriden** wie ATP in Zellen noch weitere energiereiche Verbindungen

energiereiche Verbindungen (Abb. 8.2)
- Verbindungen mit **hohem Gruppenübertragungspotenzial**
- **Speicher** und **Überträger** chemischer Energie für den Ablauf **endergonischer Reaktionen**
- **hohes Gruppenübertragungspotenzial** bedingt durch **Stabilisierung** der **dephosphorylierten Produkte**
  - z. B. durch **Keto-Enol-Tautomerisierung** (bei Pyruvat), **Resonanzstabilisierung**
- **Acylphosphate** (gemischte Säureanhydride aus Carbonsäure und Phosphorsäure): **Acetylphosphat, 1,3-Bisphosphoglycerat**
- **Enolphosphate**: z. B. **Phosphoenolpyruvat** (**PEP**) (Abb. 8.2A)
- **Thioester**: z. B. **Acetyl-CoA** (Abb. 8.2B)
- **Phosphocreatin, Argininphosphat**

8.1.3 Mechanismen der ATP-Synthese

- **ATP-Synthese** erfolgt im **reduktiven** und **oxidativen** Teil des **Energiestoffwechsels**
- im **reduktiven** Teil der Dissimilation: Unterscheidung von **Atmung** und **Gärung**

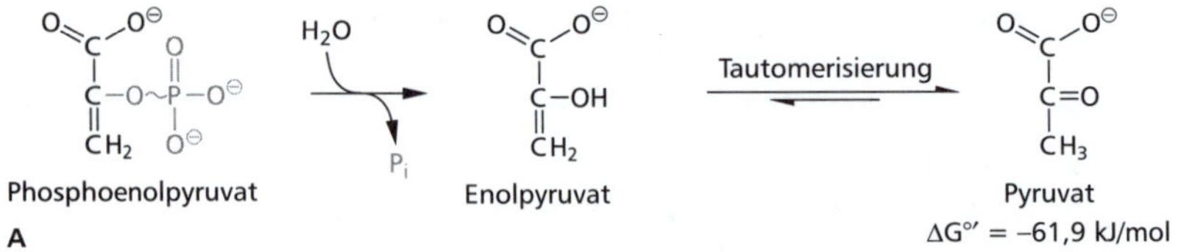

Phosphoenolpyruvat   Enolpyruvat   Pyruvat
A $\Delta G^{\circ\prime} = -61{,}9$ kJ/mol

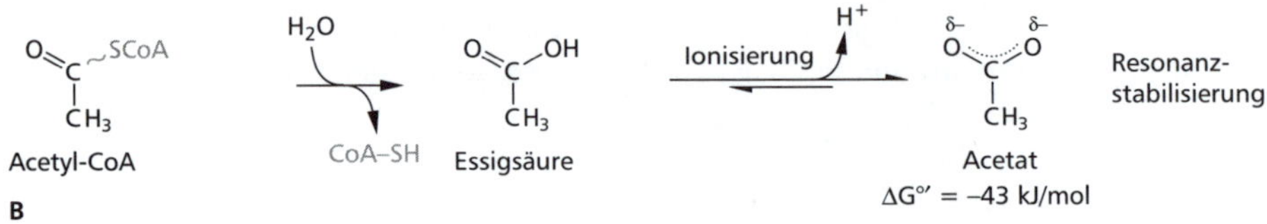

Acetyl-CoA   CoA–SH   Essigsäure   Acetat
B $\Delta G^{\circ\prime} = -43$ kJ/mol

Abb. 8.2: Beispiele für energiereiche Verbindungen. (A) Phosphoenolpyruvat (hohes Gruppenübertragungspotenzial bedingt durch Keto-Enol-Tautomerisierung von Pyruvat → bevorzugte Ketoform erst nach Abgabe der Phosphorylgruppe); (B) Acetyl-CoA (hohes Gruppenübertragungspotenzial wegen Eigenschaften des Schwefels).

> **!**
> **Dissimilation**
> - stufenweiser **Abbau** energiereicher Substrate
> - **Konservierung** der Energie durch Nutzung der Energie aus Redoxreaktionen zur **Bildung von ATP**
>
> **Assimilation**
> - **Aufbau** körpereigener Substanzen aus einfachen Vorstufen

> **!**
> **Gegenüberstellung von Atmung und Gärung** (s. auch 8.2.5)

	Atmung	Gärung (Fermentation)
Oxidation des Energiesubstrats	**vollständige** Oxidation eines Energiesubstrats gekoppelt mit der **Reduktion** eines **externen Elektronenakzeptors**	**unvollständige** Oxidation eines Energiesubstrats bei **Fehlen** eines externen Elektronenakzeptors oder einer vollständigen Elektronentransportkette
Übertragung der Reduktionsäquivalente	unterschiedlich bei **aerober** (O_2) und **anaerober** (externe Elektronenakzeptoren) Atmung (s. u.)	auf einen **internen Elektronenakzeptor** (meist ein Abbauprodukt der Oxidation)

	Atmung	Gärung (Fermentation)	
ATP-Synthese	v. a. über **Elektronen-transportphosphorylie-rung (ETP)**, aber auch über **Substratstufen-phosphorylierung (SSP)**	i. d. R. über **SSP**	

Zellatmung und Gärung sind katabole (Energie liefernde) Stoffwechselwege

(Campbell S. 185) gelernt ☐

Siehe hierzu auch den Abschnitt „Gärung und Zellatmung: Ein Vergleich" in Campbells Biologie.

(Campbell S. 201) gelernt ☐

Formen der Atmung

a) aerobe Atmung
- Übertragung der Elektronen auf **O_2 als terminalen Elektronen-akzeptor**
- Vorkommen: **alle Eukaryoten** und **viele Prokaryoten**

b) anaerobe Atmung
- Übertragung der Elektronen auf **externe Elektronenakzeptoren** wie NO_3^{2-}, NO^{2-}, SO_4^{2-} (steht kein externer zur Verfügung, auch auf **interne** wie Fumarat)
- Vorkommen: **einige Prokaryoten**

In der Zellatmung fließen Elektronen von organischen Molekülen zum Sauerstoff

(Campbell S. 187) gelernt ☐

ATP-Synthese

a) Substratstufenphosphorylierung (SSP)
- auch **Substratkettenphosphorylierung**
- Form des Energiegewinns bei **Gärungen**, aber auch Atmung
- **direkte** Verknüpfung einer ausreichend **exergonischen Reaktion** mit der **Synthese von ATP**
- **Übertragung der Phosphorylgruppe** auf ADP über **energiereiches Intermediat**
- z. B. **GAP-DH-Reaktion** der Glykolyse

b) *Elektronentransportphosphorylierung (ETP)*

- auch **Atmungskettenphosphorylierung** oder **oxidative Phosphorylierung**
- Form der Energiegewinnung bei der **Atmung** und der **Photosynthese** (bei **photoautotrophen Organismen**)
- **gerichteter Transport** von **Elektronen** und **Protonen** in einer Membran führt zum Aufbau einer **protonenmotorischen Kraft**, die zur **ATP-Synthese** verwendet werden kann
- **Elektronendonoren**: **reduzierte Verbindungen** mit hohem **negativen Redoxpotenzial** (**NADH + H$^+$** oder **FADH$_2$**)
  - werden bereitgestellt aus Abbau organischer Verbindungen oder durch photochemische Prozesse
- **kein** energiereiches Zwischenprodukt

Beispielhaft dargestellt sind die Subtratstufenphosphorylierung und Elektronentransportkette in den Abbildungen 9.6 und 9.5 in Campbells *Biologie.*

gelernt (Campbell S. 191 und S. 188)

8.1.4 Die Reaktionen des Stoffwechsels im Überblick

- relativ geringe Zahl **unterschiedlicher Reaktionstypen**
- Beteiligung bestimmter **funktioneller Gruppen**

Unterteilung der Stoffwechselwege in Stufen (Abb. 8.3)

	Katabolismus	**Anabolismus**
Stufe I	– **Abbau der Polymere** zu Monomeren (bzw. von **Proteinen** zu Aminosäuren)	– Synthese von **Polymeren** aus Monomeren (bzw. von **Proteinen** aus Aminosäuren) unter **ATP-Verbrauch**
Stufe II	– **Abbau der Monomere** (bzw. Aminosäuren) zu kleineren Einheiten mit zentraler Rolle im Stoffwechsel (Pyruvat, Acetyl-CoA, Intermediate des Citratzyklus) – z. B. durch **Glykolyse** – **geringer Energiegewinn** durch ATP-Bildung	– Synthese von **Monomeren** (bzw. Aminosäuren) unter **ATP-Verbrauch**
Stufe III	– **Citratzyklus** und **oxidative Phosphorylierung** → vollständige Oxidation zu H$_2$O und CO$_2$ – dabei **Synthese von ATP**	– Verwendung von **Zwischenprodukten des Citratzyklus** bzw. der **Glykolyse**

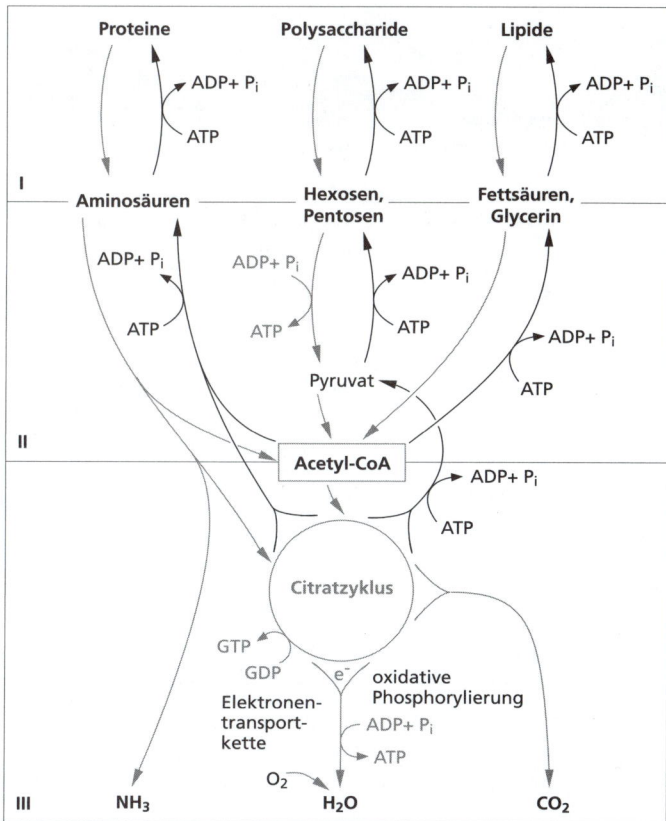

Abb. 8.3: Die drei Stufen anaboler und kataboler Stoffwechselwege.

wichtige funktionelle Gruppen			!
funktionelle Gruppe bzw. Bindung	**Bezeichnung**	**Vorkommen/Eigenschaften**	
-COOH	**Carboxylgruppe**	organische Säuren, Aminosäuren, Fettsäuren; in wässriger Lösung bei neutralem pH meist dissoziiert mit negativer Ladung	
$-NH_2$	**Aminogruppe**	Amine und Aminosäuren; basische Eigenschaften, durch Protonenaufnahme positive Ladung	

funktionelle Gruppe bzw. Bindung	Bezeichnung	Vorkommen/Eigenschaften
R-COH	**Hydroxylgruppe**	Alkohole; in Lipiden und Kohlen-hydraten
R-CH=O	**Carbonylgruppe**	Aldehyde; kann zu Carbonsäure oxidiert werden
R_1-CR_2=O	**Ketogruppe**	zentrale Stoffwechselmoleküle wie Pyruvat, und Intermediate des Citratzyklus
R_1-O-CR_2=O	**Ester**	entstehen aus Säure und Alkohol unter Wasserabspaltung; z. B. in Glycerophospholipiden
R_1-O-PO_3^{2-}	**Phosphatester**	z. B. in Nucleinsäuren
R_1-S-CR_2=O	**Thioester**	energiereiche Verbindung; z. B. Acetyl-CoA
R_1-O-R_2	**Ether**	Verbindung aus 2 Alkoholen
O=CR-O-PO_3^{2-}	**gemischtes Säureanhydrid**	energiereiche Verbindung; z. B. Acetylphosphat
PO_3^{2-}-O-PO_3^{2-}	**Phosphorsäure-anhydrid**	energiereiche Verbindung; z. B. ATP

8.2 Der Kohlenhydratstoffwechsel

Vergleiche hierzu auch den Überblick in Abbildung 9.6 in Campbells Biologie *sowie:*
Zellatmung ist der Funktionskomplex aus Glykolyse, Citratzyklus und Atmungskette

☐ *gelernt (Campbell S. 190)*

8.2.1 Die Glykolyse

In der Glykolyse wird Energie durch die Oxidation von Glucose zu Pyruvat freigesetzt

☐ *gelernt (Campbell S. 191)*

Glykolyse

- **kataboler** Stoffwechselweg, auch **Embden-Meyerhof-(Parnas-)Weg**
- **Oxidation** von **Glucose** (C_6-Körper) zu 2 **Pyruvat** (C_3-Körper) in **10 enzymatischen Schritten**
- findet im **Cytosol** der Zelle statt (bei Pflanzen in Cytoplasma und Plastiden)
- Ziele:
  - Abbau von Glucose zur Erzeugung von **ATP** (über SSP) und **Reduktionsäquivalenten (NADH + H$^+$)**
  - Bereitstellung von **Biosynthesevorstufen**
- **Bilanz**:
  Glucose $\rightarrow$ 2 Pyruvat + 2 H_2O
  2 ADP + 2 P_i $\rightarrow$ 2 ATP
  2 NAD$^+$ $\rightarrow$ 2 NADH + 2 H$^+$
- Regulation: **Energieladung** (ATP hemmt; Bausteine aktivieren)
- regulierte Enzyme: **Hexokinase**, **Phosphofructokinase**, **Pyruvatkinase**

Die Enzyme der Glykolyse und ihre Reaktionen (Abb. 8.4)

Enzym	katalysierte Reaktion
Hexokinase	1. Phosphorylierung der Glucose zu Glucose-6-phosphat (G6P) – **Verbrauch** von **1 ATP**
Phosphogluco-Isomerase	2. Umwandlung der Aldose G6P in die Ketose Fructose-6-phosphat (F6P)
Phosphofructokinase	3. Phosphorylierung der F6P an C1 $\rightarrow$ **Schrittmacherreaktion** der Glykolyse – **Verbrauch** von **1 ATP**
Fructosebisphosphat-Aldolase	4. Spaltung von Fructose-1,6-bisphosphat in 2 Triosen: Glycerinaldehyd-3-phosphat (GAP) und Dihydroxyacetonphosphat (DHAP)
Triosephosphat-Isomerase	5. reversible wechselseitige Umwandlung der Ketose-Aldose-Isomere GAP und DHAP
Gycerinaldehyd-3-phosphat-Dehydrogenase (GAP-DH)	6. Oxidation von GAP zu 2 × 1,3-Bisphosphoglycerat (1,3-BG) – verbunden mit **Reduktion** von **NAD$^+$** zu NADH + H$^+$
Phosphoglycerat-Kinase	7. Übertragung von Phosphatrest auf ADP – **Bildung** von **2 ATP** und 2 × 3-Phosphoglycerat

Enzym	katalysierte Reaktion
Phosphoglycerat-Mutase	8. Überführung von 2 × 3-Phosphoglycerat in 2 × 2-Phospho-D-glycerat
Enolase	9. Bildung von 2 Phosphoenolpyruvat (PEP) unter Wasserabspaltung
Pyruvat-Kinase	10. Umwandlung von 2 PEP in 2 Pyruvat, Übertragung von Phosphatrest auf ADP – **Bildung** von **2 ATP**

- **Kanaleffekt**: Weitergabe der Produkte von einem Enzym eines **Multienzymkomplexes** an das nächste

Sehr anschaulich vor Augen führen können Sie sich die einzelnen Reaktionsschritte der Glykolyse auch anhand von Abbildung 9.9 in Campbells Biologie.

☐ *gelernt (Campbell S. 192)*

- pro Mol **Glucose** werden **2 ATP** verbraucht und **4 ATP** gebildet → **Nettogewinn = 2 ATP**
- in der **Leber** wird die Phosphorylierung von Glucose v. a. von der **Glucokinase** katalysiert, die **spezifischer** für Glucose ist als die Hexokinase

Regulation der Glykolyse

- Schlüsselenzyme: **Kinasen**
- Regulation durch **allosterische Effektoren**, **kovalente Modifikationen** oder auf **Transkriptionsebene**
- wichtigste Kontrollstelle: **Phosphofructokinase** (PFK) → katalysiert ersten irreversiblen Schritt
- **hohe Energieladung** der Zelle bewirkt **Hemmung, niedrige Aktivierung** der **PFK**
- **hohe Citratkonzentration** (ausreichend Bausteine) bewirkt Hemmung der PFK
- **Hemmung** der PFK bewirkt **Hemmung der Hexokinase** durch ihr Produkt
- **hohe Energieladung** bewirkt auch **Hemmung** der **Pyruvat-Kinase**

! **Schlüsselenzyme**
- katalysieren **irreversible Reaktionen** an **Verzweigungspunkten** des Stoffwechsels
- stellen wichtige **Regulationsstellen** dar
- Beispiele:
  - **Phosphofructokinase** (Glykolyse)
  - **Acetyl-CoA-Carboxylase** (Fettsäurebiosynthese)
  - **Rubisco** (Calvin-Zyklus)

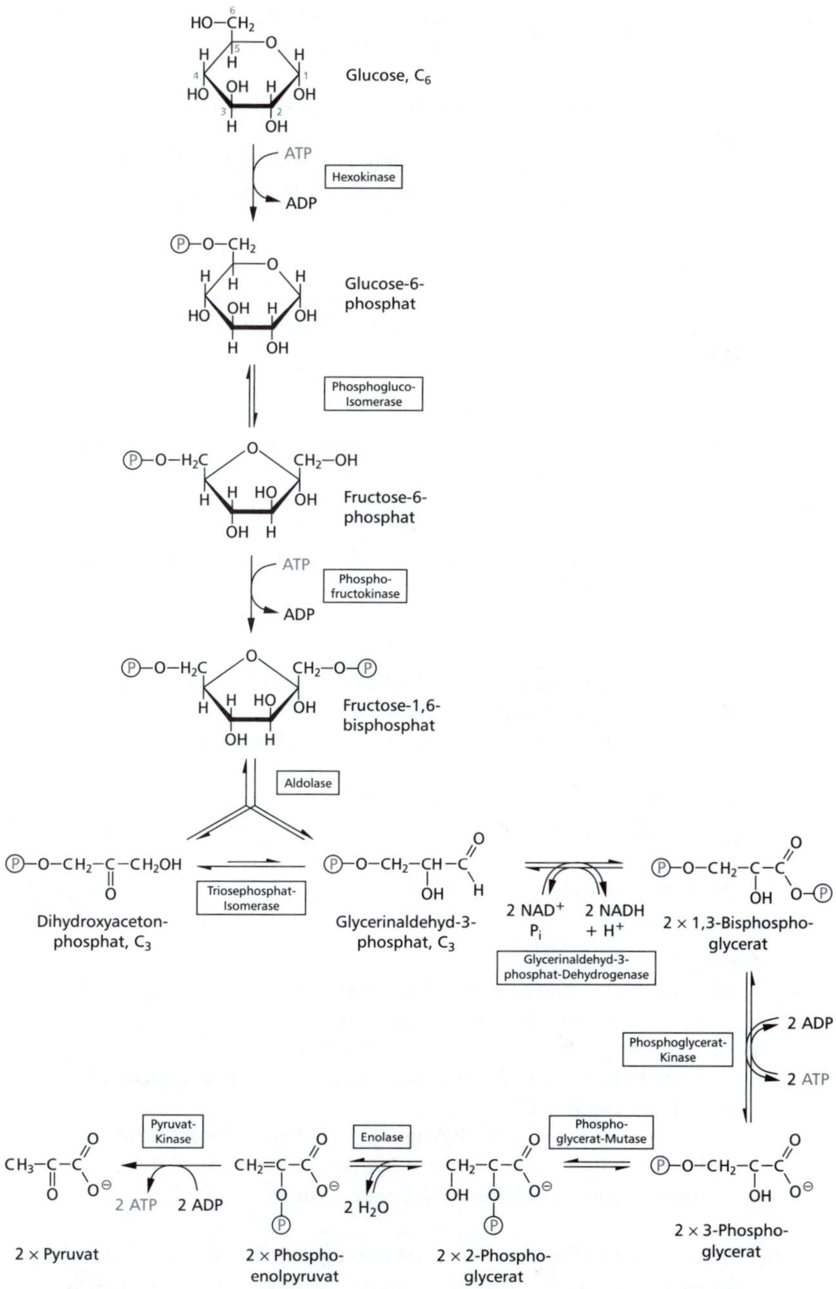

Abb. 8.4: Die Glykolyse: Abbau von Glucose zu Pyruvat über zehn enzymatische Schritte.

Einschleusung anderer Monosaccharide in die Glykolyse
- werden durch **vorgeschaltete Reaktionen** in **Zwischenprodukte** der Glykolyse umgesetzt
- z. B. Einschleusung von **Galactose**, **Glykogen** und **Stärke**: als **Glucose-6-phosphat**
- z. B. Einschleusung von **Fructose**: über **Fructose-1-phosphat-Weg** oder Phosphorylierung durch **Hexokinase** zu **Fructose-6-phosphat**

8.2.2 Polysaccharide

Polysaccharide, die Polymere von Zuckern, dienen als Energiespeicher und Baumaterial

☐ *gelernt (Campbell S. 79)*

- **Makromoleküle** aus Glucoseeinheiten und anderen Zuckermonomeren, verknüpft über **glykosidische Bindungen**
- Speicherpolysaccharide: **Glykogen** (Pilze, Bakterien, Wirbeltiere), **Stärke** (Pflanzen)
- Strukturpolysaccharide: **Cellulose** (Pflanzen, einige Bakterien), **Chitin** (Arthropoden, Pilze)

Synthese von Polysacchariden

- **Aktivierung der Monomere** (z. B. Glucose) durch **Bindung an Nucleosiddiphosphate** (ADP, UDP, CDP, GDP)
- Übertragung der **Glykosylgruppe** auf die wachsende Polysaccharidkette durch eine **Synthase**
- **Neusynthese** erfordert ein **Oligosaccharid** als **Primer**
- **Verknüpfung** erfolgt α-**glykosidisch** (Glykogen, Stärke) oder β-**glykosidisch** (Cellulose)
- **Verzweigungen** (Glykogen, Amylopektin) durch spezielles **Verzweigungsenzym**

Glykogensynthese

- Glykogen: α1→4-**verknüpfte Glucoseeinheiten**
- nach 8–12 Resten α1→6-**Verzweigungen**
- Schritte ausgehend von **Glucose-6-phosphat**:
  - Umwandlung zu **Glucose-1-phosphat** durch **Phosphoglucomutase**
  - **Aktivierung** zu **UDP-Glucose**
  - **Polymerisierung** durch **Glykogenin** → Polymere bis 8 Glucosereste
  - **Verlängerung** durch **Glykogen-Synthase** → unverzweigtes Glykogen
  - **Verzweigung** durch **Verzweigungsenzym**

 Die **Verzweigungen** bewirken, dass **Glykogen** löslich wird und die Zahl der nichtreduzierenden Enden zunimmt → Erhöhung der **Reaktivität**.

Stärkesynthese

- Stärke: Gemisch aus **unverzweigter α1→4-verknüpfter Amylose** und **verzweigtem Amylopektin**
- Synthese in den **Chloroplasten**
- Schritte ausgehend von **Fructose-6-phosphat**:
  - Umwandlung zu **Glucose-6-phosphat** durch **Isomerase**
  - Umwandlung in **Glucose-1-phosphat** durch **Mutase**
  - **Aktivierung** zu **ADP-Glucose**
  - Bildung von **unverzweigter Amylose** durch **Stärke-Synthase** mithilfe eines **Primers**
  - **Verzweigung** durch **Verzweigungsenzym** zu **Amylopektin**

Cellulosesynthese

- Cellulose: **β1→4-verknüpfte Glucosereste**
- Schritte ausgehend von **Saccharose**:
  - Reaktion mit UDP oder GDP zu **UDP-** bzw. **GDP-Glucose** (unter Freisetzung von Fructose)
  - **Polymerisierung** zu Cellulose durch **Cellulose-Synthase** mithilfe eines **Primers**

Abbau von Polysacchariden

- **Glykogen, Stärke**: stufenweise **Abspaltung von Monomeren**
- **Stärke, Cellulose**: Abbau zu **Disacchariden**, die anschließend in **Monomere** gespalten werden
- Abspaltung durch **Phosphorolyse** oder **Hydrolyse**
- **Spaltung von Verzweigungen** durch spezielles Enzym: *debranching enzyme*

Phosphorolyse

- Spaltung einer **kovalenten Bindung** durch **Orthophosphat**
- Produkt ist **phosphoryliert**, z. B. **Glucose-1-phosphat** beim **Glykogenabbau**

Glykogenabbau

- durch **Phosphorolyse** zu **Glucose-1-phosphat**
- weiterer Abbau in **Glykolyse** nach Umwandlung in **Glucose-6-phosphat**
- Entfernung von **Verzweigungen** durch **Transferase** (*debranching enzyme*) und **Glucosidase**

Stärkeabbau

- meist **hydrolytisch** mit **Glucose** als Endprodukt
- beteiligte Enzyme: verschiedene **Amylasen**, ein *debranching enzyme* und **α-Glucosidase**

Celluloseabbau

- erster Schritt: **Hydrolyse** durch **Cellulase** zu **Cellobiose** (Dimer)
- Abbau von Cellobiose:
  - hydrolytisch durch **β-Glucosidase** zu **Glucose**
  - oder **phosphorolytisch** durch **Phosphorylase** zu **Glucose-1-Phosphat**

Die meisten **Tiere** können **Cellulose** nicht als Energiequelle nutzen: Sie besitzen keine Cellulase, und ihre α-Amylasen können die $\beta1\rightarrow4$-Bindungen von Cellulose nicht hydrolytisch spalten. Manche, wie Termiten oder Wiederkäuer, haben dazu jedoch in ihrem Verdauungstrakt **symbiontische Protozoen** oder **Mikroorganismen**, die **Cellulase** ausscheiden.

Regulation des Abbaus und der Synthese von Glykogen und Stärke

- zentrale Rolle: **Glykogen-** bzw. **Stärkephosphorylase** $\rightarrow$ verbindet **Nährstoffspeicher** (Glykogen und Stärke) mit der **Glykolyse**

Regulation von Glykogen
- **allosterische Aktivierung** der **Glykogen-Phosphorylase** im Muskel durch **AMP, Hemmung** durch **ATP** und **Glucose-6-phosphat**
- Regulation der **Glykogen-Synthase** erfolgt genau **umgekehrt**
- weitere Kontrolle: **kovalente Modifikation** der beiden Enzyme $\rightarrow$ phosphorylierte und dephosphorylierte Form werden durch **zyklische Kaskade** ineinander umgewandelt

Regulation von Stärke
- wichtigstes regulatorisches Enzym der Synthese: **ADP-Glucose-Pyrophosphorylase** $\rightarrow$ inhibiert durch **Phosphat**, aktiviert durch **3-Phosphoglycerat**
- außerdem abhängig vom **Saccharosespiegel** $\rightarrow$ bei steigender Saccharosekonzentration Zunahme der Stärkesynthese

8.2.3 Die Gluconeogenese

Gluconeogenese
- **anaboler** Stoffwechselweg
- Ziel: Synthese von **Glucose** aus **Pyruvat** (oder auch anderen Vorstufen wie Lactat, Glycerin und glucogene Aminosäuren)
- **Verbrauch** von **ATP** bzw. **GTP** und **Oxidation** von **NADH + H⁺**
- meiste Schritte von **denselben Enzymen** katalysiert wie **Glykolyse**
- **keine** komplette Umkehr der Glykolyse, da die **Kinase-Reaktionen irreversibel** sind
- **Umgehung** der **3 irreversiblen Schritte** der Glykolyse durch **andere Enzyme**, die ebenfalls **Regulationsstellen** darstellen:
  - **PEP-Carboxykinase**: umgeht Pyruvatkinase
  - **Fructose-1,6-bisphosphatase**: umgeht Phosphofructokinase
  - **Glucose-6-p-Phosphatase**: umgeht Hexokinase
- **Regulation** dieser Enzyme **reziprok** zur Glykolyse
- **Nettobilanz**:
  2 Pyruvat + 4 H_2O $\rightarrow$ Glucose
  4 ATP + 2 GTP $\rightarrow$ 4 ADP + 2 GDP + 6 P_i
  2 NADH $\rightarrow$ 2 NAD⁺

- die **Gluconeogenese** erfolgt bei **höheren Tieren** v. a. in der **Leber** und sichert bei **Kohlenhydratmangel** eine Versorgung von Gehirn und Erythrocyten mit **Glucose**
- bei **Pflanzen** erfolgt sie durch den **Glyoxylatzyklus** (s. u.) in keimenden Samen

Siehe hierzu auch den Abschnitt „Anabole (biosynthetische) Stoffwechselwege" in Campbells Biologie. (Campbell S. 204) gelernt ☐

Die Enzyme der Gluconeogenese und ihre Reaktionen

Enzym	katalysierte Reaktion
Pyruvat-Carboxylase	Carboxylierung von Pyruvat zu Oxalacetat (**Verbrauch** von **ATP**)
PEP-Carboxykinase	Phosphorylierung und Decarboxylierung von Oxalacetat zu PEP (**Verbrauch** von **GTP**)
Enzyme der Glykolyse	weitere Schritte bis zu Fructose-1,6-bisphosphat entsprechen Umkehr der Glykolyse (**Verbrauch** von **ATP** und **2 NADH**)
Fructose-1,6-bisphosphatase	Umsetzung von Fructose-1,6-bisphosphat zu Fructose-6-phosphat (F6P)
Phosphogluco-Isomerase (wie Glykolyse)	Isomerisierung von F6P zu Glucose-6-phosphat (G6P)
Glucose-6-phosphatase	Dephosphorylierung von G6P zu Glucose

- nur bei einigen **Prokaryoten**: statt der ersten beiden Schritte direkte Bildung von **PEP** aus **Pyruvat** durch **PEP-Synthetase**

Regulation der Gluconeogenese

- erfolgt **reziprok** zu **Glykolyse**
- **Pyruvat-Carboxylase**: benötigt **Acetyl-CoA** als **allosterischen Effektor**, Hemmung durch **ADP**
- **PEP-Carboxylase**: Hemmung durch **ADP**
- **Fructose-1,6-bisphosphatase**: Hemmung durch **AMP**

reziproke Regulierung

- Regulierung von **entgegengesetzten katabolen** und **anabolen** Stoffwechselwegen (z. B. Glykolyse und Gluconeogenese)
- **Regulationsstellen**: die unterschiedlichen Enzyme für die **irreversiblen Reaktionsschritte**
- Regulation z. B. durch **allosterische Effektoren** bzw. **Inhibitoren**

- **anaboler Weg**: aktiviert durch **hohe Energieladung** und **Überschuss an Biosynthesevorstufen**
- **kataboler Weg**: aktiviert durch **niedrige Energieladung** und **Mangel an Biosynthesevorstufen**

- Förderung der **Glykolyse** erfolgt bei **Energie- und Baustoffmangel**
- Förderung der **Gluconeogenese** erfolgt bei ausreichender **Energie- und Baustoffversorgung**

Leerlaufzyklen (*futile cycles*)
- Stoffwechselwege, die bei **gleichzeitigem** Vorkommen von **synthetisierenden** und **abbauenden** Enzymen auftreten → gleichzeitiger Ablauf **entgegengesetzter Reaktionen**
- dienen z. B. der **Wärmeproduktion** (→ Erwärmung der Muskeln bei fliegenden Insekten)

8.2.4 Der Pentosephosphatweg

Pentosephosphatweg (Phosphogluconatweg)
- von **Glucose-6-phosphat** ausgehender Stoffwechselweg
- Ziel: Bereitstellung von **Reduktionskraft** (**NADPH**) für Biosynthesen und von **Pentosen** für Coenzyme und Nucleinsäuren
- Kopplung zwischen **Glykolyse** und **Pentosephosphatweg** durch **Transaldolasen** und **Transketolasen** → setzen Pentosen zu Zwischenprodukten der Glykolyse um
- **Schrittmacherreaktion**: einleitende **Oxidation von Glucose-6-phosphat** (G6P)
- reguliertes Enzym: **Glucose-6-phosphat-Dehydrogenase**
- **oxidativer Teil**: Umsetzung von G6P zu **Ribulose-5-phosphat** in 3 Schritten unter Erzeugung von NADPH + H$^+$
- **nichtoxidativer Teil**: reversible gegenseitige **Umwandlung** von Zuckern mit 3, 4, 5, 6 oder 7 C-Atomen (entspricht Umkehr des Calvin-Zyklus)
- **Gesamtreaktion**:
  3 Glucose-6-phosphat + 6 NADP$^+$ ⇄ 6 NADPH + 6 H$^+$ + 3 CO$_2$ + 2 Fructose-6-phosphat + Glycerinaldehyd-3-phosphat

In der **Leber** werden etwa 30 % der Glucose über den **Pentosephosphatweg** oxidiert.

8.2.5 Anaerober Glucoseabbau: verschiedene Gärungen

- erste Schritte der **Glykolyse** bis **Pyruvat** bei meisten Organismen identisch
- vollständiger **Abbau** von Pyruvat: nur bei Organismen mit **vollständiger Elektronentransportkette** über Citratzyklus und Atmungskette (→ Übertragung der Reduktionsäquivalente auf **externen Elektronenakzeptor**)

- bei Organismen **ohne** vollständige Elektronentransportkette oder externen Elektronenakzeptor: **Pyruvatabbau** über **Gärungsprozesse**

> **Gärungen** (Abb. 8.5)
> - **Endprodukte** art- bzw. gewebeabhängig: v. a. **Lactat** und **Ethanol**, außerdem Acetat, Propionat, Butyrat, Formiat und Succinat
> - Ziel: **Regenerierung** von **NAD⁺**
> - **NADH + H⁺** aus Glykolyse als **Elektronendonor**
> - **Übertragung** der Elektronen von **NADH + H⁺** nicht auf Sauerstoff oder anderen externen Elektronenakzeptor, sondern auf **Pyruvat** oder daraus gebildetes **Zwischenprodukt**
> - **viel geringere ATP-Ausbeute** als bei vollständiger Oxidation von Glucose (→ ATP-Bildung nur durch **SSP** der Glykolyse)

Durch Gärung können manche Zellen auch ohne Sauerstoff ATP bilden

(Campbell S. 201) gelernt ☐

alkoholische Gärung (Abb. 8.5)
- Bildung von **Ethanol** aus **Glucose**
- Umsetzung von **Glucose** zu **Pyruvat** durch **Glykolyse**
- **Decarboxylierung** von 2 Pyruvat durch **Pyruvat-Decarboxylase** zu **2 Acetaldehyd**
- **Reduktion** von Acetaldehyd durch **Alkohol-Dehydrogenase** zu **Ethanol**
- **Nettoreaktion**:
  $C_6H_{12}O_6 + 2\,P_i + 2\,ADP + 2\,H^+ \rightarrow 2\,C_2H_5OH + 2\,CO_2 + 2\,ATP + 2\,H_2O$
- Hauptproduzenten: **Hefen** (v. a. *Saccharomyces cerevisiae*), anaerobe oder fakultativ aerobe **Bakterien**

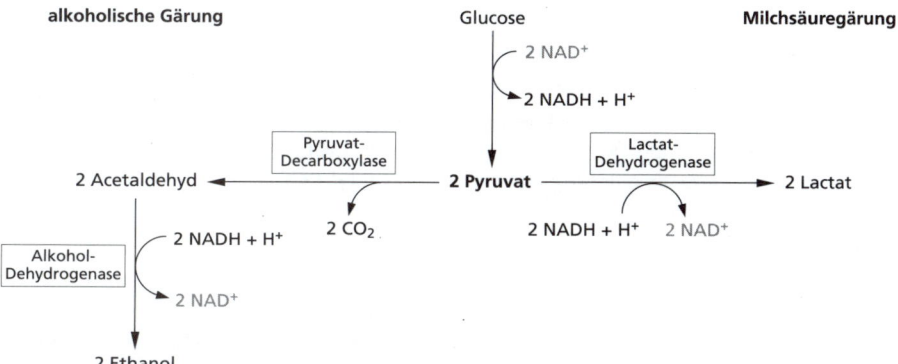

Abb. 8.5: Die häufigsten Gärungen: alkoholische und Milchsäuregärung. In beiden Prozessen wird NAD⁺ regeneriert.

Pasteur-Effekt
- **Unterdrückung** der alkoholischen Gärung unter **aeroben Bedingungen** → **Hemmung** der **Glykolyse** durch die **Atmung**
- Ursache: v. a. **allosterische Hemmung** der **Phosphofructokinase** durch ATP und Citrat

Milchsäuregärung (Lactatbildung) (Abb. 8.5)
- Bildung von **Milchsäure (Lactat)** aus **Glucose**
- Umsetzung von **Glucose** zu **Pyruvat** durch **Glykolyse**
- **Reduktion** von Pyruvat durch **Lactat-Dehydrogenase** zu **Lactat**
- **Nettoreaktion**:
  $C_6H_{12}O_6 + 2\ P_i + 2\ ADP \rightarrow 2\ Lactat + 2\ ATP + 2\ H_2O$
- erfolgt in **kontrahierenden Muskeln** und v. a. bei **Milchsäurebakterien**

- in den **Nettogleichungen** der alkoholischen und Milchsäuregärung erscheinen **keine Reduktionsäquivalente**, sie sind jedoch für die Gesamtreaktion wichtig
- das in der Glykolyse erzeugte **NADH** wird bei der **Reduktion** von Acetaldehyd zu Ethanol (alkoholische Gärung) bzw. von Pyruvat zu Lactat (Milchsäuregärung) wieder verbraucht → **Regeneration** von **NAD⁺**

Nutzung durch den Menschen
- **alkoholische Gärung**: zur Herstellung **alkoholischer Getränke** (Bier, Wein durch **Hefen**)
- **Milchsäuregärung**: zur Herstellung von **Sauermilchprodukten** (Quark, Käse, Joghurt durch **Milchsäurebakterien**)

- bei der traditionell als **Essigsäuregärung** bezeichneten **sauerstoffabhängigen** Umsetzung von **Ethanol** zu **Acetat** (Essigsäure) handelt es sich nicht um eine Gärung, sondern um eine **unvollständige Oxidation**

8.2.6 Aerobe Dissimilation: Der Citratzyklus
oxidative Decarboxylierung von Pyruvat
- Verbindung zwischen **Glykolyse** und **Citratzyklus**
- **Decarboxylierung** von **Pyruvat** zu **Acetyl-CoA**
- katalysiert durch **Pyruvat-Dehydrogenase-Komplex**
- **Bilanz**:
  Pyruvat + NAD⁺ + CoA-SH → Acetyl-S-CoA + NADH + H⁺ + CO₂

Pyruvat-Dehydrogenase-Komplex
- Multienzymkomplex aus **3 Enzymen** mit ihren **prosthetischen Gruppen**
  - Pyruvat-Dehydrogenase mit **Thiaminpyrophosphat (TPP)**
  - Dihydrolipoyl-Transacetylase (DTA) mit **Liponamid**
  - Dihydrolipoyl-Dehydrogenase (DD) mit **FAD**

- bei Eukaryoten in **Mitochondrienmatrix**
- Regulation:
  - **Hemmung** durch **reversible Phosphorylierung** über eine an DTA gebundene **Kinase/Phosphatase**
  - Steuerung dieser Kontrollenzyme durch **Energieladung** (ATP, NADH) und **Biosynthesevorstufen** (Acetyl-CoA → **allosterische Regulation**)

Der Citratzyklus vervollständigt die Energie liefernde Oxidation organischer Moleküle

(Campbell S. 194) gelernt ☐

Citratzyklus (Tricarbonsäurezyklus, Krebs-Zyklus) (Abb. 8.6)   **!**
- **kataboler zyklischer** Stoffwechselweg aus 9 Schritten, der nur unter **aeroben** Bedingungen abläuft
- in **Mitochondrien** ablaufender **2. Hauptschritt** der **Zellatmung**
- Abbau des in der Glykolyse entstandenen **Pyruvats** zu CO_2 und H_2O
- Ziel: **Erzeugung von ATP** (bzw. GTP) und **Reduktionsäquivalenten** (**NADH + H$^+$** und **FADH$_2$**) bzw. **Biosynthesevorstufen** (→ viele Zwischenprodukte als Vorstufen)
- Regulation: **Hemmung** durch **hohe Energieladung** (ATP, NADH); **Aktivierung** durch **niedrige Energieladung** (ADP) und hohe NAD$^+$-Konzentration

Die Enzyme des Citratzyklus und ihre Reaktionen (Abb. 8.6)

Enzym	katalysierte Reaktion
Citratsynthase	Kondensation von Acetyl-CoA mit Oxalacetat zu Citrat
Aconitase	Umwandlung von Citrat in Isomer Isocitrat über Zwischenprodukt *cis*-Aconitat
Isocitrat-Dehydrogenase	Oxidation von Isocitrat zu α-Ketoglutarat (mit Reduktion von NAD$^+$)
α-Ketoglutarat-Dehydrogenase	oxidative Decarboxylierung von α-Ketoglutarat zu Succinyl-CoA (mit Reduktion von NAD$^+$)
Succinyl-CoA-Synthetase	Spaltung der Thioesterbindung (Bildung von ATP oder GTP) → Freisetzung von CoA und Succinat
Succinat-Dehydrogenase	Oxidation von Succinat zu Fumarat (mit Reduktion von FAD)
Fumarase	Umwandlung von Fumarat zu Malat unter Wasseranlagerung
Malat-Dehydrogenase	Oxidation von Malat zu Oxalacetat (mit Reduktion von NAD$^+$)

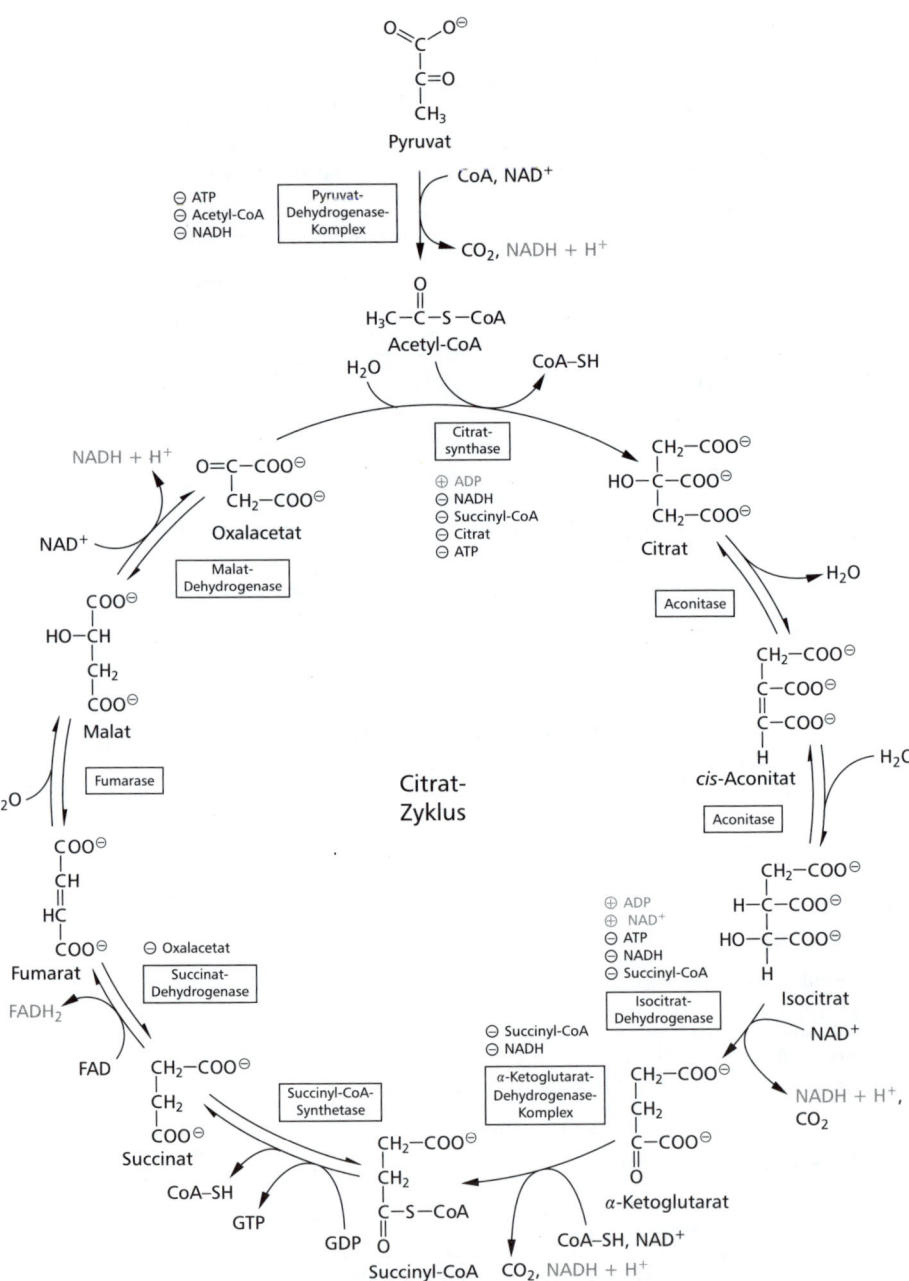

Abb. 8.6: Der Citrat-Zyklus und seine Regulation (Hemmung dargestellt durch Minuszeichen, Aktivierung durch Pluszeichen).

- **Oxalacetat** wird durch zyklische Reaktionsfolge **regeneriert**
- pro eingeschleustes **Acetyl-CoA** werden **2 CO_2** freigesetzt, außerdem **Reduktionsäquivalente** in Form von **NADH + H⁺** und **FADH$_2$**
- **Gesamtbilanz**:
  Acetyl-CoA + 3 NAD⁺ + FAD + GDP + P$_i$ + 3 H_2O → 2 CO_2 + 3 NADH + FADH$_2$ + GTP + 3 H⁺ + HS-CoA
- **Reduktionsäquivalente** werden in der **Endoxidation** zur Bildung von **ATP** genutzt

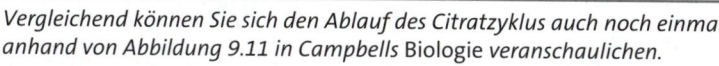

Vergleichend können Sie sich den Ablauf des Citratzyklus auch noch einmal anhand von Abbildung 9.11 in Campbells Biologie veranschaulichen.

(Campbell S. 195) gelernt ☐

Regulation des Citratzyklus (s. Abb. 8.6)
- **oxidative Decarboxylierung** von Pyruvat = irreversibler Schritt: **Hemmung** des **Pyruvat-Dehydrogenase-Komplexes** durch ATP, Acetyl-CoA und NADH
- **Kontrollpunkte** des Citratzyklus an **Schlüsselenzymen**: **Citratsynthase, Isocitrat-Dehydrogenase** und α-**Ketoglutarat-Dehydrogenase**

8.2.7 Anaplerotische Reaktionen (Abb. 8.7)

- Reaktionen, die **Zwischenprodukte** kataboler Stoffwechselwege **ersetzen**, welche als **Biosynthesevorstufen** genutzt werden
- z. B. dienen **Oxalacetat** und α-**Ketoglutarat** aus dem Citratzyklus als **Vorstufen** für **Aminosäuren**
- bei Tieren, Pflanzen und Mikroorganismen **unterschiedliche Enzyme** beteiligt

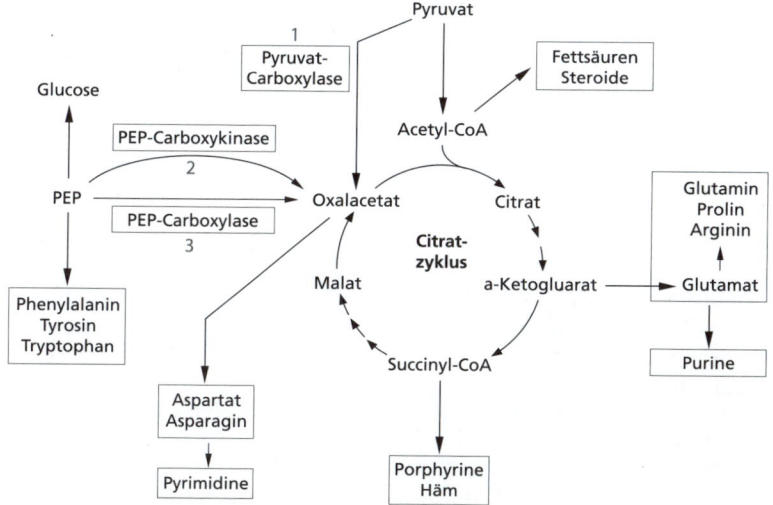

Abb. 8.7: Anaplerotische Reaktionen (1–3) zur Regeneration von Oxalacetat und Nutzung von Zwischenprodukten des Citratzyklus als Biosynthesevorstufen.

Der Citratzyklus stellt eine **Verbindung** zwischen **anabolen** und **katabolen** Stoffwechselwegen dar und wird daher auch als **amphiboler Weg** bezeichnet.

Beispiele für anaplerotische Reaktionen zur Regeneration von Oxalacetat (Abb. 8.7, 1–3)

- in Leber und Niere von Säugern: Carboxylierung von **Pyruvat** zu **Oxalacetat** durch **Pyruvat-Carboxylase** (unter ATP-Verbrauch)
- in Herz und Skelettmuskel: Synthese von **Oxalacetat** aus **PEP** und **CO$_2$** (unter Bildung von GTP)
- in höheren Pflanzen und Bakterien: Carboxylierung von **PEP** zu **Oxalacetat** durch **PEP-Carboxylase**

8.2.8 Der Glyoxylatzyklus

- **anaplerotischer Stoffwechselweg** bei Pflanzen, Pilzen und Prokaryoten
- Ziele:
  - **Neusynthese** eines **C$_4$-Körpers** (Succinat oder Malat) aus **2 C$_2$-Einheiten** (Acetyl-CoA)
  - Synthese von **Kohlenhydraten** aus **Fetten** (durch Gluconeogenese aus Acetyl-CoA)
- **umgeht** durch einen **Kurzschluss** zwischen Isocitrat und Malat die beiden **Decarboxylierungen** des Citratzyklus
- zusätzliche Enzyme: **Isocitrat-Lyase** und **Malat-Synthase**
- Vorkommen: bei **Pflanzen**, **Pilzen** und **Bakterien** (sowie einigen Wirbellosen)

- besonders bedeutend ist die Synthese von Kohlenhydraten aus Fetten mithilfe des **Glyoxylatzyklus** für **Pflanzen**, deren Samen v. a. Fette als Reservestoffe enthalten
- **Wirbeltiere** können aus Fetten keine Kohlenhydrate synthetisieren, da ihnen die Enzyme des Glyoxylatzyklus fehlen

8.3 Die Endoxidation

Endoxidation (oxidative Phosphorylierung)
- auch **Elektronentransportphosphorylierung**
- letzte Stufe des **Abbaus** von **Kohlenhydraten**, **Fetten** und **Aminosäuren** in **aeroben** Zellen
- **Übertragung von Elektronen** der **Reduktionsäquivalente** aus Glykolyse und Citratzyklus im Verlauf der **Atmungskette** auf O$_2$ (bei Prokaryoten auch andere terminale Elektronenakzeptoren)
- führt zu Aufbau eines **Protonengradienten** → wird zu **ATP-Synthese** durch **ATPase** genutzt

---

Der Elektronenfluss bei der Zellatmung verläuft kaskadenartig über NAD⁺
und eine Elektronentransportkette

(Campbell S. 188) gelernt ☐

Die innere Mitochondrienmembran koppelt Elektronentransport und ATP-
Synthese

(Campbell S. 195) gelernt ☐

Elektronentransportkette **!**
- in **Membran** lokalisierte Reihe von **membrangebundenen** und **mobilen Elektronen-Carriern**
- **Elektronen-Carrier** übernehmen Elektronen von **Elektronendonor** und übertragen sie auf **Elektronenakzeptor**
- **Transport** von **Elektronen** oder **Elektronen und Protonen**
- erfolgt stets in Richtung **ansteigender** (positiverer) E_0'-Werte
- **linear** auf einen **terminalen Elektronenakzeptor** (z. B. O_2 in der **Atmungskette**)
- **zyklisch** zurück zum **Elektronendonor** (z. B. **anoxygene Photosynthese**)

8.3.1 Komponenten der Atmungskette

Enzyme der Atmungskette
- bei **Prokaryoten**: in **Cytoplasmamembran**
- bei **Eukaryoten**: in **innerer Mitochondrienmembran**
- **Oxidoreductasen**: oxidieren **Elektronendonor** und reduzieren **Elektronenakzeptor**

	Mitochondrien (Säuger)	*E. coli*
Komplex I	NADH-Q-Oxidoreductase	NADH-Q-Oxidoreductase
Komplex II	Succinat-Q-Oxidoreductase	Succinat-Q-Oxidoreductase
Komplex III	Cytochrom-Reductase (Hydrochinon-Cytochrom c-Oxidoreductase)	Cytochrom bd-Komplex
Komplex IV	Cytochrom-Oxidase (Cytochrom c-O_2-Oxidoreductase)	Cytochrom bo-Komplex

- Komplexe enthalten unterschiedliche **prosthetische Gruppen**, z. B. **Flavinnucleotide, Eisen-Schwefel-Zentren, Häm-Gruppen, Kupferionen**
- **Redoxmediatoren**: in der Membran frei bewegliche **mobile Elektronenüberträger**, z. B. **Chinone, Cytochrome**

integrale Membranproteine

- **pumpen** an 3 Stationen während des Elektronentransports **Protonen** durch die Membran
- erzeugen **protonenmotorische Kraft**

mitochondriale Atmungskette

- **Elektronentransportkette** aus **4 Elektronen-Carrier-Komplexen**
- **Endakzeptor** der Elektronen: **O_2**
- Transport von **Elektronen und Protonen** durch **Komplex I, III** und **IV**
- Transport von **Elektronen** durch **Komplex II**
- **Übertragung** der Elektronen auf **O_2** durch **Komplex IV** (Cytochrom-Oxidase)
- **Inhibitoren**: z. B. **Cyanid** (Zellgift!) oder **Kohlenmonoxid** für **Komplex IV**

Die Abfolge der Elektronenübertragungsreaktionen in der Atmungskette ist in Abbildung 9.13 in Campbells Biologie dargestellt.

☐ *gelernt (Campbell S. 197)*

Insgesamt in der **mitochondrialen Atmungskette** von der Matrixseite der Membran auf die Cytosolseite gepumpte Protonen:

- **10 Protonen** pro übertragenem Elektronenpaar von **NADH + H⁺** auf O_2
- **6 Protonen** pro übertragenem Elektronenpaar von **$FADH_2$** auf O_2

8.3.2 Kopplung von Oxidation und Phosphorylierung

- **Antriebskraft** für die oxidative Phosphorylierung: hohes **Elektronen-übertragungspotenzial** des primären **Elektronendonors** (NADH + H⁺ oder $FADH_2$) in Bezug auf den **Elektronenakzeptor** (O_2 in der Atmungskette)

chemiosmotische Theorie (Mitchell-Theorie)

- **Kopplung** von **Elektronentransport** und **ATP-Synthese** (bzw. Redoxreaktion und Phosphorylierung) über Aufbau eines **transmembranalen Protonengradienten**
- **keine** Bildung eines energiereichen Zwischenprodukts
- Erzeugung der **protonenmotorischen Kraft** stellt die primäre Energiekonservierung dar → treibt die **ATP-Synthese** durch die **ATP-Synthase** (**ATPase**) an (durch **Rückfluss** der Protonen in Mitochondrienmatrix)

Siehe hierzu auch den Abschnitt „Chemiosmose: Der Mechanismus der Energiekopplung" in Campbells Biologie sowie Abbildung 9.15, in der die Kopplung von Atmungskette und oxidativer Phosphorylierung anschaulich dargestellt ist.

☐ *gelernt (Campbell S. 197 und S. 199)*

protonenmotorische Kraft (PMK)
- Nutzung eines **gerichteten Elektronentransports** in der Membran zur **Translokation von Ionen**
- besteht aus **Ionengradient** (H^+ oder Na^+ – hier **Protonengradient**, also pH-Differenz) → bedingt **elektrisches Membranpotenzial**
- treibende Kraft für die **ATP-Synthese** bei der **ETP**
- weitere Nutzung für **aktive Transportprozesse**, bakterielle **Geißelbewegung** und die Erzeugung von **NADPH**

Entkoppler
- **lipidlösliche** Substanzen, die **Protonen** (oder andere einwertige Ionen) über die Membran **schleusen**
- heben **Energiekopplung** auf
- **zerstören** die **PMK**, aber beeinträchtigen **nicht** den Elektronentransport
- es erfolgt **keine ATP-Synthese** → Freisetzung der Energie als **Wärme**

In manchen tierischen Geweben wird die **Entkopplung** zur **Wärmeproduktion** genutzt: z. B. findet in braunem Fettgewebe vieler neugeborener Säugetiere oder beim Winterschlaf eine solche **chemische Thermogenese** statt.

F_1F_0-ATPase (ATP-Synthase)
- **ATP** synthetisierendes **membrangebundenes Enzym**
- Vorkommen: **respiratorische** und **photosynthetische** Membranen **eukaryotischer Organellen** und **Prokaryoten**
- aus **2 Domänen**: **Ionenkanal (F_0)** und **ATP-Synthese-Einheit (F_1)**
- überführt im transmembranalen **Ionengradienten** gespeicherte **Energie** in **ATP**
- **Kopplung** der **ATP-Synthese** mit der **Translokation von Ionen** durch den **Ionenkanal F_0**
- speziesabhängig H^+ oder Na^+
- katalysiert als **ATPase** die **Hydrolyse von ATP** zum Aufbau eines **Ionengradienten**

Anhand von Abbildung 9.14 in Campbells Biologie *können Sie sich Struktur und Funktion der ATP-Synthase veranschaulichen.* (Campbell S. 198) gelernt ☐

Energiebilanz der Endoxidation

- **Hauptanteil** der **Energie** beim Nährstoffabbau wird in der **Atmungskette** über **Elektronentransportphosphorylierung** gespeichert

ATP-Ausbeute der oxidativen Phosphorylierung
- je nach Organismus abhängig von:
  - **Redoxpotenzialdifferenz** zwischen **Elektronendonor** und **terminalem Akzeptor**

– **Protonen/Elektronen-Stöchiometrie** der Elektronentransportkette
– von den bei **Eukaryoten** verwendeten **Shuttle-Systemen**, die einen Teil
   der im Protonengradienten gespeicherten Energie verbrauchen

gebildete Reduktionsäquivalente und ATP-Ausbeute pro Glucosemolekül

Reaktions-abschnitt	Zahl der gebildeten Reduktionsäquivalente	ATP-Ausbeute
Glykolyse	2 NADH	**2 ATP** (durch **SSP**)
Decarboxylierung von Pyruvat	2 NADH	–
Citratzyklus	6 NADH + 2 FADH$_2$	**2 ATP** (durch **SSP**)
Atmungskette	–	**28 ATP** (in Mitochondrien) **22 ATP** (bei *E. coli*) **34 ATP** (bei *P. denitrificans*) (jeweils durch **ETP**)

Durch die Zellatmung werden für jedes oxidierte Glucosemolekül zahlreiche ATP-Moleküle gebildet

☐ *gelernt (Campbell S. 199)*

In Abbildung 9.16 in Campbells Biologie *ist der Gewinn an ATP übersichtlich zusammengefasst.*

☐ *gelernt (Campbell S. 200)*

Transportsysteme bei Eukaryoten
a) *Glycerinphosphat*-shuttle
   • Transportsystem für **Elektronen** aus **cytosolischem NADH** auf **FAD** in
      den **Mitochondrien**
   • Übertragung der Elektronen auf **Dihydroxyacetonphosphat** im Cytosol
      → **Glycerinphosphat** → diffundiert in die Mitochondrien
   • Übertragung der Elektronen auf **FAD** in den Mitochondrien → **Dihy-
      droxyacetonphosphat** → diffundiert ins Cytosol zurück
b) *ATP/ADP-Translokase*
   • Transportprotein in der **inneren Mitochondrienmembran**
   • gekoppelter **gegenläufiger Transport** von **cytosolischem ADP** und **ATP**
      aus der **Matrix (Antiport)**
   • zusätzliche **negative Ladung** von **ATP** führt zu Nettoverbrauch von
      1 Proton pro exportiertem ATP
   • spezielle **Inhibitoren** blockieren die Translokase und damit die oxidative
      Phosphorylierung

c) Malat-Aspartat-shuttle

- Transportsystem für **Elektronen** aus **cytosolischem NADH** auf **NAD⁺** in den **Mitochondrien**
- Übertragung der Elektronen auf **Oxalacetat** im **Cytosol** → **Malat** → Transport in die **Mitochondrien**
- Übertragung der Elektronen von **NAD⁺** → **Oxalacetat** → Transaminierung zu **Aspartat** → Transport ins **Cytosol** → Oxalacetat

respiratorischer Quotient (RQ)

- **Volumenverhältnis** von erzeugtem CO_2 zu verbrauchtem O_2
- **RQ = 1** beim Abbau von Glucose
- **RQ < 1** beim Abbau stark reduzierter Moleküle (Fette, Proteine)
- **RQ > 1** bei der Oxidation höher oxidierter Säuren

Regulation der Endoxidation

Atmungskontrolle

- Abhängigkeit des **O_2-Verbrauchs** von der **ADP-Konzentration**
- **hohe ADP-Konzentration** signalisiert **Energiebedarf**
- **Steigerung** der **Geschwindigkeit** der Zellatmung sorgt für schnelle **Erhöhung** der **Energieladung**

Siehe hierzu auch:
Die Zellatmung wird durch Rückkopplungsmechanismen gesteuert

(Campbell S. 204) gelernt ☐

8.4 Der Fettsäurestoffwechsel

> **Triacylglycerine (Triglyceride, Neutralfette)** **!**
> - **Glycerinester** von **Fettsäuren**
> - Synthese aus **Fettsäureacyl-CoA** und **Glycerin-3-phosphat**
> - **Energiespeicherform** in vielen **tierischen** und **pflanzlichen** Zellen
> - **höhere Oxidationsenergie** als Kohlenhydrate oder Proteine

---

Fette speichern große Energiemengen

(Campbell S. 82) gelernt ☐

Abbau von Triglycerinen

- **Hydrolyse** durch **Lipasen** in **Glycerin** und **Fettsäuren**
- **Phosphorylierung** von **Glycerin** durch **Glycerinkinase** zu **Glycerin-3-phosphat**
- **Oxidation** von Glycerin-3-phosphat zu **Dihydroxyacetonphosphat** → Einschleusung in **Glykolyse** oder **Gluconeogenese**
- Abbau der **Fettsäuren** schrittweise zu **Acetyl-CoA** (**β-Oxidation**)

8.4.1 β-Oxidation der Fettsäuren

Siehe hierzu auch den Abschnitt „Die Vielseitigkeit des Katabolismus" in Campbells *Biologie.*

☐ *gelernt (Campbell S. 203)*

! **β-Oxidation** (Abb. 8.8)
- **kataboler** Stoffwechselweg
- bei **Eukaryoten** in der **Mitochondrienmatrix** zusätzlich in den **Glyoxisomen** (Pflanzenzellen) und auch in den **Peroxisomen** (dort anderer Weg)
- bei **Prokaryoten** im **Cytoplasma**
- Ziele:
  - **Abbau** von Fettsäuren zu **Acetyl-CoA**
  - Erzeugung von **Reduktionsäquivalenten** (**FADH₂** und **NADH + H⁺**)
- **Aktivierung** der Fettsäure durch **Bindung an Coenzym A** unter **ATP-Verbrauch** (katalysiert durch **Acyl-CoA-Synthetasen**)
- Abbau **langkettiger Fettsäuren** erfolgt **stufenweise**
- jeweils **oxidative Entfernung** von **C₂-Einheiten** als **Acetyl-CoA** vom **Carboxylende** der Fettsäure durch 4 Reaktionen:
  - **Oxidation, Hydratisierung, Oxidation, thioklastische Spaltung**

Die ersten 3 Schritte der **β-Oxidation** entsprechen den letzten 3 Schritten des **Citratzyklus**.

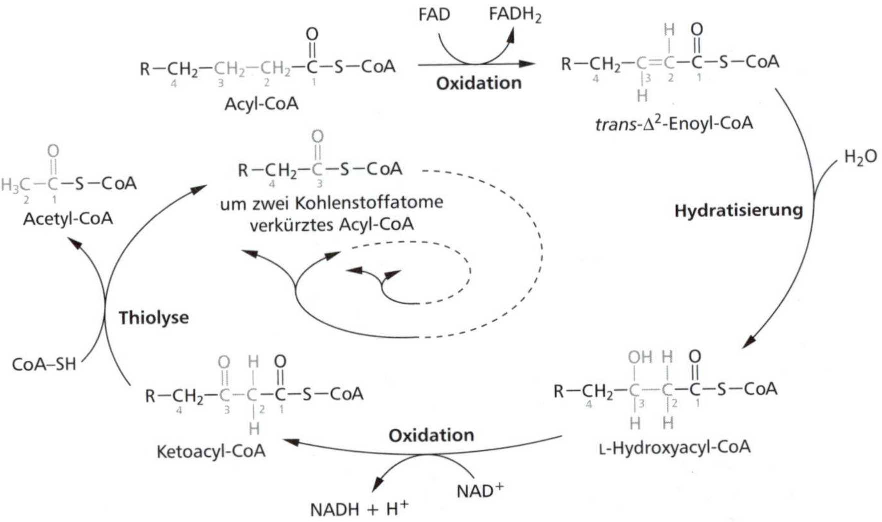

Abb. 8.8: β-Oxidation der Fettsäuren. Stufenweise Oxidation mit Abspaltung jeweils einer C₂-Einheit pro Abbaurunde.

Transport der Fettsäuren in die Mitochondrien
- **Aktivierungsreaktion** erfolgt in **Mitochondrienmembran**
- **Enzyme** der Fettsäureoxidation in **Mitochondrienmatrix**
- Transport über **Carnitin-*shuttle***

β-Oxidation gesättigter Fettsäuren (Abb. 8.8)
- erfolgt ausgehend von **Acyl-CoA** (an CoA gebundene Fettsäure) in **4 Reaktionsschritten**
- **Oxidation** mit **FAD** als Elektronenakzeptor
- **Hydratisierung**: Anlagerung von Wasser an die resultierende Doppelbindung
- **Oxidation** von **β-Hydroxyl-CoA** mit **NAD⁺** als Elektronenakzeptor
- **Thiolyse**: thioklastische Spaltung der an CoA gebundenen Acylkette in **Acetyl-CoA** und um **2 C-Atome verkürztes** Acyl-CoA
- **Acyl-CoA** durchläuft dann **weitere Abbaurunde**
- **Bilanz** am Beispiel von **Palmitinsäure (C$_{16}$)**, ausgehend von **Palmityl-CoA**:
Palmitil-CoA + 7 CoA + 7 FAD + 7 NAD⁺ + 7 H$_2$O → 8 Acetyl-CoA + 7 FADH$_2$ + 7 NADH + 7 H⁺

- der **Nettogewinn** an Energie bei der **vollständigen Oxidation** von **Palmitinsäure** (einschließlich Oxidation des entstandenen **Acetyl-CoA**) beträgt bei Eukaryoten **106 ATP**
- pro gebildetem **ATP** und pro **Elektronentransfer** von **NADH** oder **FADH$_2$** auf O$_2$ wird je ein Molekül **H$_2$O** gebildet
- bei **Tieren**, die über längere Zeit keine Nahrung oder Flüssigkeit aufnehmen (Winterschläfer, Wüstenbewohner), liefert die **Fettsäureoxidation** die überlebenswichtige **Stoffwechselenergie**, **Wärme** und **Wasser**

Oxidation ungesättigter Fettsäuren
- **ungesättigte Fettsäuren:** mit einer oder mehreren Doppelbindungen
- zusätzliche Enzyme erforderlich:
    - **Isomerase**: wandelt *cis*-Doppelbindung in ***trans*-Form** um (nur diese kann durch **Hydratase** hydratisiert werden)
    - **Reductase**: zusätzlich notwendig für **mehrfach ungesättigte Fettsäuren**
- weiterer Abbau über **β-Oxidation**

Oxidation ungeradzahliger Fettsäuren
- auf gleichem Weg wie **geradzahlige**
- im letzten Schritt entstehen **nicht** 2 Acetyl-CoA sondern **Acetyl-CoA** und **Propionyl-CoA**
- **Propionyl-CoA** → Carboxylierung zu **D-Methyl-malonyl-CoA** → Epimerisierung in **L-Form** → Umlagerung durch Mutase zu **Succinyl-CoA** → Einschleusung in **Citratzyklus**

Oxidation verzweigter Fettsäuren
- über **α-Oxidation** (β-Oxidation wird durch Verzweigungen blockiert)
- **Hydroxylierung** des **C$_\alpha$-Atoms** (C-Atom in α-Stellung)
- anschließend **oxidative Decarboxylierung**
- Abbau des restlichen Moleküls durch **β-Oxidation**

Regulation der Fettsäureoxidation

- **Produkthemmung** der beiden letzten Enzyme der Reaktionsfolge durch **NADH** bzw. **Acetyl-CoA**
- **Hemmung** des **Fettsäuretransports** in die Mitochondrien

8.4.2 Die Fettsäuresynthese

❗ Fettsäuresynthese (Abb. 8.9)
- **anaboler Stoffwechselweg**
- im **Cytoplasma** von Eukaryoten und Prokaryoten
- katalysiert durch **Fettsäure-Synthase**
- Ziel: Synthese **langkettiger Fettsäuren** (bis C_{16}) aus **Acetyl-CoA** unter **ATP-Verbrauch**
- Eingangsreaktion: **Carboxylierung** von **Acetyl-CoA** zu **Malonyl-CoA** unter **ATP-Verbrauch**
- Übertragung der **Acylreste** von **Acetyl-CoA** und **Malonyl-CoA** auf **Acyl-Carrier-Protein (ACP)**
- Verlängerungszyklus: 4 Reaktionen:
  - **Kondensation, Reduktion, Dehydratisierung, Reduktion**
- Reduktionsmittel: **NADPH**
- Regulation: **Schrittmacherreaktion** → **Carboxylierung** von **Acetyl-CoA**

Fettsäure-Synthase-Komplex

- katalysiert Reaktionen der **Fettsäuresynthese**
- aus **7 Einzelenzymen** bei **Prokaryoten** und in **Chloroplasten**
- **Multienzymkomplex** bei **Pilzen** (7 aktive Zentren auf 2 Polypeptiden) und **Tieren** (Dimer aus 2 identischen Proteinketten mit 7 Enzymen)
- **Reaktionsfolge** bei allen Organismen **identisch**
- nur Synthese **gesättigter Fettsäuren**

Transport des Acetyl-CoA

- aus der **Mitochondrienmatrix** ins **Cytosol**
- innere Mitochondrienmembran **undurchlässig** für Acetyl-CoA (stammt aus der oxidativen Decarboxylierung von Pyruvat)
- **Kondensation** mit **Oxalacetat** zu **Citrat** → kann durch Membran **diffundieren**
- im **Cytosol** wieder Spaltung von Citrat in **Acetyl-CoA** und **Oxalacetat**

Einzelschritte der Fettsäuresynthese bei Säugern (Abb. 8.9)

- einleitende **Carboxylierung** von **Acetyl-CoA** zu **Malonyl-CoA** durch **Acetyl-CoA-Carboxylase** (Biotin-Enzym) unter Verbrauch von ATP:
  Acetyl-CoA + ATP + HCO_{3-} → Malonyl-CoA + ADP + P_i + H^+
- Bindung der **Acetylgruppe** von **Acetyl-CoA** an **SH-Gruppe** (Sulfhydryl- oder Thiolgruppe) eines **Acyl-Carrier-Proteins (ACP)** (Enzym: **Acetyl-CoA-ACP-Transacetylase**):
  Acetyl-CoA + ACP → Acetyl-ACP + CoA

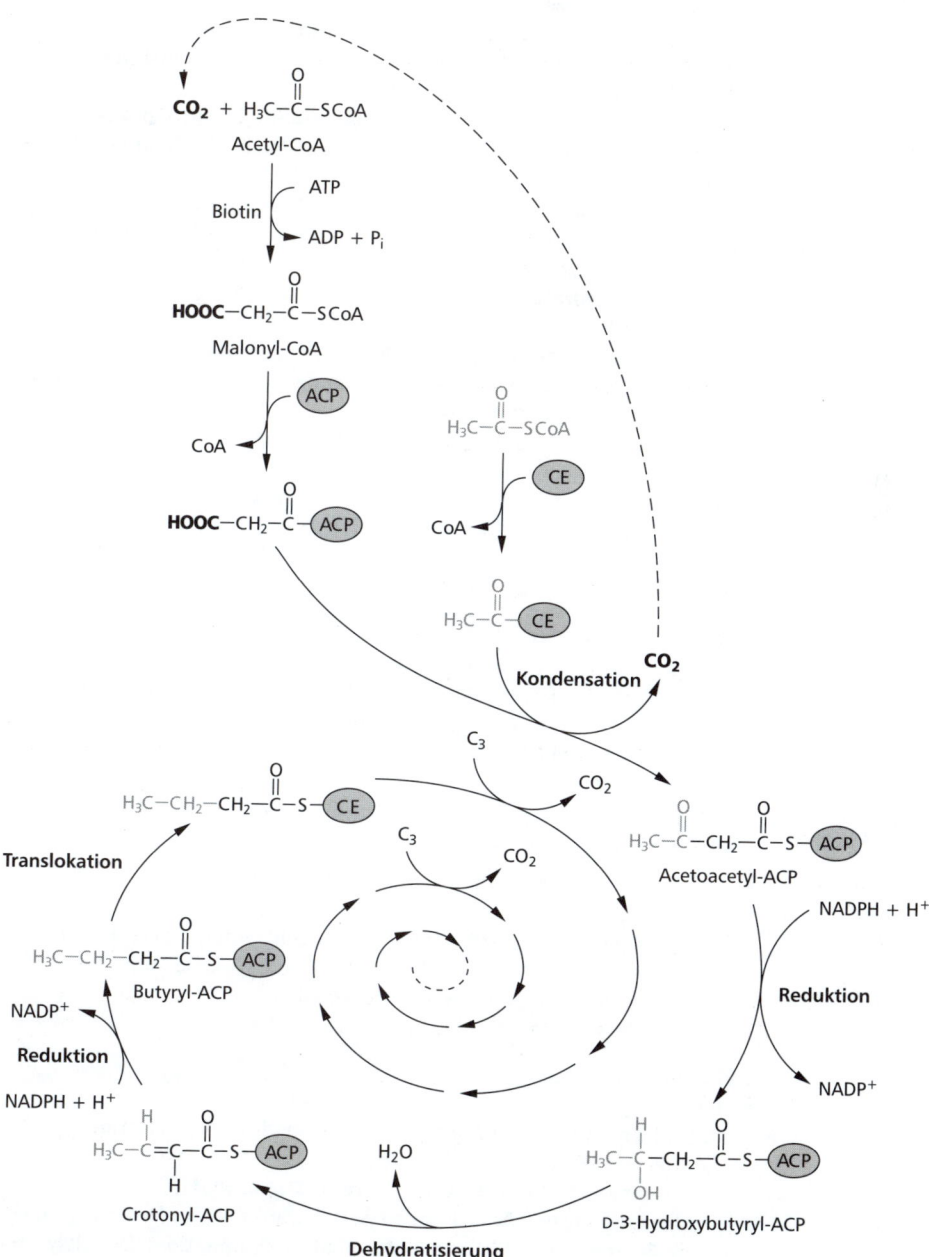

Abb. 8.9: Ablauf der Fettsäuresynthese bei Säugern an einem Multienzymkomplex. (ACP = Acyl-Carrier-Protein, CE = kondensierendes Enzym)

- Übertragung des **Malonylrests** von **Malonyl-CoA** auf **SH-Gruppe** des **Acyl-Carrier-Proteins (ACP)** (Enzym: **Malonyl-CoA-ACP-Transferase**):
  Malonyl-CoA + ACP → Malonyl-ACP + CoA
- 1. Schritt des Verlängerungszyklus: **Kondensation** von **Acetyl-ACP** und **Malonyl-ACP** zu **Acetoacetyl-ACP** (durch **Acyl-Malonyl-ACP-kondensierendes Enzym**) unter Freisetzung von CO_2:
  Acetyl-ACP + Malonyl-ACP → Acetoacetyl-ACP + ACP + CO_2
- 2. Schritt: **Reduktion** des ACP-gebundenen Acylrests mit **NADPH** zu D-**3-Hydroxybutyryl-ACP**:
- 3. Schritt: **Dehydratisierung** – durch Wasserabspaltung entsteht **Crotonyl-ACP**
- 4. Schritt: **Reduktion** von **Crotonyl-ACP** zu **Butyryl-ACP**
- **Translokation** von **Butyryl-ACP** an das **kondensierende Enzym** → erneute **Kondensation** mit **Malonyl-ACP**
- neuer **Verlängerungszyklus** (jeweils Verlängerung um **2 C-Atome**), i. d. R. bis Kettenlänge von **16 C-Atomen**
- **Bilanz** der Gesamtreaktion (Synthese von Palmitat aus Acetyl-CoA):
  8 Acetyl-CoA + 7 ATP + 14 NADPH + 14 H^+ → Palmitat + 8 CoA + 6 H_2O + 7 ADP + 7 P_i + 14 $NADP^+$
- **Palmitat** dient dann als Vorstufe für andere langkettige Fettsäuren

Synthese ungesättigter Fettsäuren
- z. B. aus **Palmitat** (C_{16}) oder **Stearat** (C_{18})
- Einführung einer **Doppelbindung** durch **Fettsäure-Acyl-CoA-Desaturase**
- **zweifach ungesättigte** Fettsäuren können von **Tieren nicht** synthetisiert werden (**essenzielle Fettsäuren**) → Umwandlung in **mehrfach ungesättigte** Fettsäuren

8.4.3 Biosynthese von Lipiden

- Einbau der meisten synthetisierten **Fettsäuren** in **Lipide**
- **Triacylglycerine**: Speicherung von Stoffwechselenergie bei Eukaryoten
- **Phospholipide**: Membranbestandteile bei Eukaryoten und Prokaryoten
- **Glykolipide**: mit Glykosyl- statt Phosphorylgruppe; Lipidkomponente: **Glycerolipide**, **Sphingolipide** oder **Isoprenoide**
- **Etherlipide**: v. a. Membranbestandteil der Archaea

Lipidsynthese
- bei **Eukaryoten** v. a. an Membranen des **glatten ER**
- daneben auch im **Golgi-Apparat**, in **Mitochondrien** oder **Plastiden**
- *a) Synthese von Glycerophospholipiden*
  - ausgehend von **Acyl-CoA** und **Glycerin-3-phosphat**
  - Übertragung von **Acyl-Gruppen** (Fettsäureresten) auf **Hydroxylgruppen** an C1 und C2 von **Glycerin-3-phosphat** zu **Phosphatidat** (Diacylglycerin-3-phosphat)
  - weitere Synthese ab **Phosphatidat** bei **Eukaryoten** und **Prokaryoten** unterschiedlich

b) *Synthese von Sphingolipiden*
- ausgehend von **Serin** und **Palmityl-CoA**

8.5 Der Stickstoffstoffwechsel

Der Metabolismus von Bodenbakterien macht Stickstoff für Pflanzen verfügbar

(Campbell S. 927) gelernt ☐

> **Stickstoff-Fixierung**
> - **Reduktion** von **molekularem Stickstoff (N_2)** zu **NH_4^+**
> - erfolgt mithilfe des **Nitrogenase-Komplexes**
> - nur bei einigen **Prokaryoten (frei lebende** und **symbiontische Bakterien** in Wurzelknöllchen)
>
> **!**

Nitrogenase-Komplex
- **Enzymkomplex** von **N_2-fixierenden Prokaryoten**
- enthält **Eisen-Molybdän-Cofaktor**
- **O_2-sensitiv**
- **Schutzmechanismen**:
  - Bildung von **Heterocysten**,
  - **schneller O_2-Verbrauch** bei **frei lebenden** aeroben Bakterien
  - **O_2-Bindung** durch pflanzliches **Leghämoglobin** bei **symbiontischen** Bakterien

Stickstoffkreislauf
- bakterielle **N_2-Fixierung**
- Oxidation von **Ammoniak** über **Nitrit** zu **Nitrat** durch Bodenbakterien (**Nitrifizierung**)
- Umsetzung von **Nitrat** zu **Ammoniak** durch Pflanzen und Bakterien
- Synthese von **Aminosäuren** durch Pflanzen, Tiere und Bakterien
- Umwandlung von **Nitrat** in **N_2** durch bestimmte Bodenbakterien (**Denitrifikation**)

Siehe hierzu auch den Abschnitt „Der Stickstoffkreislauf" in Campbells Biologie.

(Campbell S. 1444) gelernt ☐

8.5.1 Stickstoff-Assimilation

- **Reduktion** von **Nitrat (NO_3^-)** zu **NH_4^+** bei **Pflanzen** und **Prokaryoten** (→ **assimilatorische Nitratreduktion**)
- nur über NH_4^+ Einbau in **organische Moleküle** möglich
- **Nitrat-Reductase**: reduziert NO_3^- zu NO_2^- (**Nitrit**)
- **Nitrit-Reductase**: reduziert NO_2^- zu NH_4^+

Nur bei **Prokaryoten**: **dissimilatorische Nitratreduktion** → dient nicht dem Einbau von NH_4^+ in organische Verbindungen, sondern der **Energie- konservierung**

8.5.2 Aminosäuresynthese

- **anaboler** Stoffwechselweg
- **Aminosäurefamilien** leiten sich von **gemeinsamen Vorstufen** ab
- Herkunft der **Kohlenstoffketten** als Vorstufen (Abb. 8.10):
  - **Zwischenprodukte** aus **Glykolyse**, **Citratzyklus** und **Pentosephos-phatweg**
- Herkunft der **Aminogruppen**:
  - direkt aus NH_4^+ (Enzyme: **Glutamat-Dehydrogenase**, **Glutamin-Synthetase**)
  - aus **anderen Aminosäuren** (Enzyme: **Transaminasen**, **Glutamat-Synthase**)

Enzyme der Aminosäuresynthese (Abb. 8.11)
a) Enzyme, die NH_4 an organische Moleküle binden

Enzym	katalysierte Reaktion
Glutamat-Dehydrogenase	Aminierung von α-Ketoglutarat → Glutamat (mit **NAD(P)H + H⁺** als Reduktionsmittel)
Glutamin-Synthetase	Amidierung von **Glutamat** → **Glutamin** (unter Verbrauch von **ATP**)

b) Enzyme, die Aminogruppen aus anderen Aminosäuren übertragen

Enzym	katalysierte Reaktion
Glutamat-Synthase (= **GOGAT**: **G**lutamin-**O**xo-**G**lutarat-**A**mino-**T**ransferase)	Übertragung einer Aminogruppe von **Glutamin** auf α-Ketoglutarat → **2 Glutamat** (mit **NAD(P)H + H⁺** als Reduktionsmittel)
Transaminasen (= **Aminotransferasen**)	**Transaminierung**: Übertragung von Amino-gruppen aus α-**Aminosäuren** auf entspre-chende α-**Ketosäuren**: Glutamat + α-Ketosäure → α-Ketoglutarat + Aminosäure z. B. auf **Oxalacetat** → **Aspartat**, auf **Pyruvat** → **Alanin**

- **Schlüsselreaktion** der Biosynthese von Aminosäuren: **Transaminierungs-reaktion**

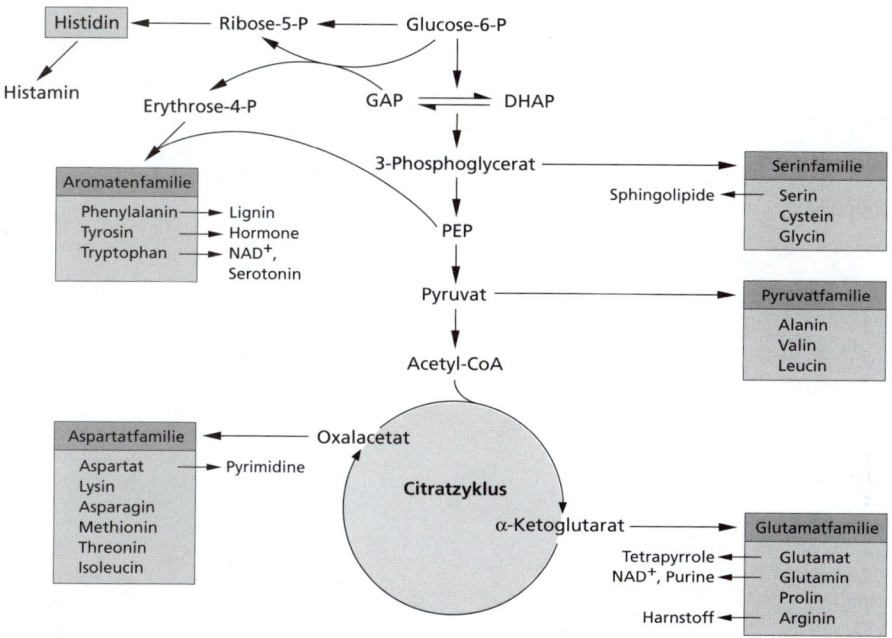

Abb. 8.10: Herkunft der Kohlenstoffketten für die Aminosäuresynthese aus Glykolyse, Pentosephosphatweg und Citratzyklus. Eingezeichnet sind auch zahlreiche Biomoleküle, die aus Aminosäuren synthetisiert werden.

- durch **Transaminierung** aus **Glutamat** können fast alle anderen Aminosäuren entstehen
- **Transaminasen** enthalten **Pyridoxalphosphat** (Vitamin B_6) als **prosthetische Gruppe**

essenzielle Aminosäuren   **!**
- Aminosäuren, die ein Organismus **nicht selbst** synthetisieren kann
- müssen von außen **aufgenommen** werden

für den Menschen essenzielle Aminosäuren
- 9 der 20 Aminosäuren kann der **Mensch** nicht selbst synthetisieren
- Synthese durch **Pflanzen** und Aufnahme mit der Nahrung oder durch **Darmbakterien**
- aus der Pyruvatfamilie: **Valin**, **Leucin**
- aus der Aromatenfamilie: **Phenylalanin**, **Tryptophan**
- aus der Aspartatfamilie: **Lysin**, **Methionin**, **Threonin**, **Isoleucin**
- außerdem **Histidin**

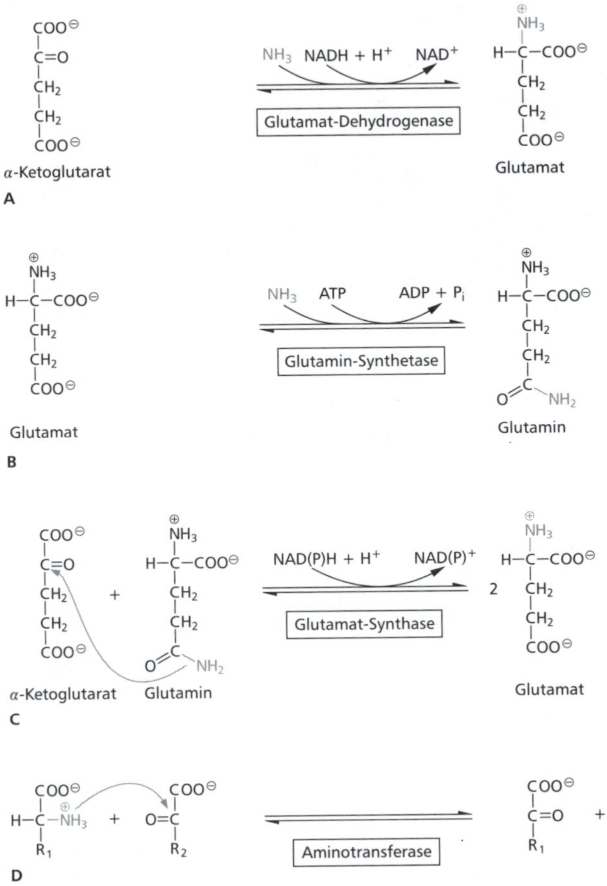

Abb. 8.11: Wichtige Enzyme der Aminosäuresynthese und die von ihnen katalysierten Reaktionen.

8.5.3 Aminosäureabbau

!
- **kataboler** Stoffwechselweg
- **Umkehr** der **Biosynthesereaktionen**
- Übertragung der **α-Aminogruppe** auf **α-Ketoglutarat** durch **Transaminasen**
- **Desaminierung** des entstandenen **Glutamats** durch **Glutamat-Dehydrogenase**
- Einschleusung der **Kohlenstoffkette** in vorhandene **Abbauwege**, z. B. Citratzyklus
- Abbau bei **Eukaryoten** v. a. in **Mitochondrien** der **Leber**

glucogene Aminosäuren

- Abbau zu **Pyruvat** oder **Zwischenstufen** des **Citratzyklus**
- können über **Gluconeogenese** in **Glucose** umgewandelt werden

ketogene Aminosäuren

- Abbau zu **Ketonkörpern** (Acetyl-CoA, Acetoacetyl-CoA)
- bei Tieren **keine** Umwandlung in Glucose wegen des **fehlenden Glyoxylat-zyklus**

Bei einigen genetisch bedingten, schweren **Stoffwechselkrankheiten** sind **Enzyme des Aminosäureabbaus** betroffen:

- **Phenylketonurie**: Abbau von Phenylalanin
- **Ahornsirupkrankheit**: Abbau verzweigter Aminosäuren (Valin, Leucin, Isoleucin)

---

biogene Amine

- entstehen durch **Decarboxylierung** von Aminosäuren durch **Aminosäure-Decarboxylasen**
- Bedeutung: oft **pharmakologische Wirkung**, **Vorstufen** von **Hormonen** oder **Bausteine** von **Coenzymen**

Beispiele für biogene Amine

Aminosäure	biogenes Amin	Vorkommen/Bedeutung
Lysin	**Cadaverin**	Ribosomen, Bakterien
Asparaginsäure	**β-Alanin**	Coenzym A
Glutaminsäure	**γ-Aminobuttersäure**	Neurotransmitter
Histidin	**Histamin**	Vasodilatator, allergische Reaktionen, Magensäure-produktion
Tyrosin	**Noradrenalin, Adre-nalin, Dopamin**	Neurotransmitter
Tryptophan	**Serotonin**	Gewebshormon, Neuro-transmitter

Siehe hierzu auch den Abschnitt „Biogene Amine" in Campbells Biologie.

(Campbell S. 1239)

8.5.4 Ausscheidung von Stickstoff

- bei **Desaminierung** von Aminosäuren entstehendes Ammoniak ist starkes **Zellgift** → muss ausgeschieden werden
- erfolgt bei verschiedenen Tieren in unterschiedlicher Form

Einteilung von Tieren nach Form der Stickstoffausscheidung

ammoniotelische Tiere	Ausscheidung von **NH$_4^+$** direkt über die **Kiemen** → **wasserlebende** Tiere wie Knochenfische, Kaulquappen
ureotelische Tiere	Ausscheidung in wässriger Form als **Harnstoff** (Harnstoffzyklus) → viele **landlebende** Tiere wie Säuger, landlebende Amphibien
uricotelische Tiere	in kristalliner Form (Wasser sparend) als **Harnsäure** (entsteht über Purine) → Insekten, Vögel und Reptilien

Die Art der stickstoffhaltigen Ausscheidungsprodukte eines Tieres hängt von seiner Stammesgeschichte und seinem Lebensraum ab

☐ *gelernt (Campbell S. 1125)*

! **Harnstoffzyklus**
- **Energie** verbrauchende **Synthese von Harnstoff** (H_4N_2CO) in der **Leber**
- Ablauf in **Cytosol** und **Mitochondrien**
- Ziel: **Ausscheidung** von **toxischem NH$_4^+$**
- **Bruttoreaktion:**
  CO_2 + NH_4^+ + 3 ATP + Aspartat + 2 H_2O → H_4N_2CO + 2 ADP + AMP + PP$_i$ + Fumarat

🔆 **Glutamin** ist im Stoffwechsel nicht nur **Aminogruppendonor** für Biosynthesen, sondern auch eine **Transportform** für **Ammoniak** → kann leicht durch **Glutaminase** zu Glutamat und NH$_4^+$ hydrolysiert werden.

8.6 Die Photosynthese

Die Photosynthese ist die Stoffwechselgrundlage der Biosphäre

☐ *gelernt (Campbell S. 227)*

Einen guten Überblick über die Reaktionen der Photosynthese gibt Abbildung 10.20 in Campbells Biologie.

☐ *gelernt (Campbell S. 228)*

Photosynthese

- Umwandlung von **Lichtenergie** in **chemische Energie** durch **phototrophe Organismen** (Pflanzen, phototrophe Prokaryoten)
- Ziele:
  - **Konservierung** der **Energie des Sonnenlichts** in Form von **ATP**
  - Erzeugung von **Reduktionsäquivalenten (NADPH + H$^+$)**
  - Aufbau von **Biomasse** (Synthese von **Kohlenhydraten**)
- Voraussetzung: **photosynthetische Membranen**
  - bei grünen Pflanzen und Algen in **Chloroplasten**, bei Prokaryoten in **intrazellularen Membransystemen** oder in der **Cytoplasmamembran**
- **Licht absorbierende Pigmente** und eine **Elektronentransportkette** führen zum Aufbau einer **protonenmotorischen Kraft** → wird von einer **ATP-Synthase** zur **ATP-Synthese** genutzt
- 2 Abschnitte:
  - **Lichtreaktionen**: Bildung von Reduktionsäquivalenten und ATP
  - **„Dunkelreaktion" (Calvin-Zyklus)**: Bildung energiereicher Substanzen
- **Pflanzen** und **Cyanobakterien** verwenden H$_2$O als **Elektronendonor** → Bildung von O$_2$ (**oxygene** Photosynthese)
- **Grüne, Purpur- und Heliobakterien** verwenden **andere Elektronendonoren** → **keine** Bildung von O$_2$ (**anoxygene** Photosynthese)

Die Lichtreaktionen und der Calvin-Zyklus wirken zusammen und setzen Lichtenergie in die chemische Energie der Nährstoffe um

(Campbell S. 213) gelernt ☐

Einige Bestandteile der **Elektronentransportketten** von **Photosynthese** und **Atmungskette** sind identisch und werden von beiden Prozessen genutzt.

8.6.1 Oxygene Photosynthese

- bei allen **phototrophen Eukaryoten** (grüne Pflanzen, Algen) und **Cyanobakterien**
- **Photopigmente**:
  - bei grünen Pflanzen und Algen: **Chlorophylle a** und **b**
  - bei Cyanobakterien: **Chlorophyll a**, zusätzlich **Phycobiline** (auch bei Rotalgen)
- **photosynthetische Membranen**:
  - bei grünen Pflanzen und Algen: **Thylakoidmembranen** der **Chloroplasten**
  - bei Cyanobakterien: **Thylakoide** mit **Phycobilisomen** in Cytoplasma oder Cytoplasmamembran
- **2 Photosysteme** und **2 Lichtreaktionen**:
  - **Photosystem I** → Reduktionsäquivalente (NADPH)
  - **Photosystem II** → Protonengradient

- **Elektronentransport** ist **linear** (Erzeugung von **ATP** und **NADPH**) oder **zyklisch** (nur **ATP**-Erzeugung)
- Bildung von O_2 durch **induzierte Spaltung** des Elektronendonors H_2O (**Photolyse**)
- **Gesamtbilanz**:
  $6\ CO_2 + 12\ H_2O + \text{Lichtenergie} \rightarrow C_6H_{12}O_6 + 6\ O_2 + 6\ H_2O$

Die Lichtreaktionen verwandeln Sonnenenergie in die chemische Energie von ATP und NADPH

☐ *gelernt (Campbell S. 215)*

Thylakoidmembranen
- entstehen als Einstülpung der **Chloroplastenmembran**
- Orte der **Photosynthese** in den Chloroplasten
- enthalten **Licht sammelnde Pigmentkomplexe** mit Reaktionszentren, **Elektronentransportkette** und **ATP-Synthase**

Pigment-Protein-Komplexe in der Thylakoidmembran
- enthalten **Chlorophyllmoleküle**
- bilden zusammen mit anderen Komponenten die **photosynthetische Elektronentransportkette**

a) Photosystem II
  - **1. Lichtreaktion**
  - **Photolyse**: lichtinduzierte, **oxidative Spaltung** von H_2O → Bildung von O_2 und **Protonen**
  - sammelt einfallendes Licht durch **Antennenpigmente** und **Lichtsammelkomplex** (**LHC**, *light harvesting complex*)
  - Weitergabe der Anregungsenergie zum **Reaktionszentrum P$_{680}$** → Anhebung von Elektronen auf höheres Energieniveau

b) Photosystem I
  - **2. Lichtreaktion**
  - **Antennenpigmente** sammeln Licht → Weitergabe der Anregungsenergie auf **Reaktionszentrum P$_{700}$**

Siehe hierzu den Abschnitt „Die Photosysteme: Lichtsammelkomplexe in der Thylakoidmembran" in Campbells Biologie.

☐ *gelernt (Campbell S. 218)*

photosynthetische Elektronentransportkette
a) linearer (nichtzyklischer) Elektronentransport
  - Elektronentransport von Wasser auf NADP
  - Spaltung von **Wasser** als **primärem Elektronendonor**
  - **1. Ladungstrennung** im Reaktionszentrum P$_{680}$ von **Photosystem II**
  - anschließend **Elektronentransport** über **Plastochinonpool** und **Cytochrom-b/f-Komplex** zu Photosystem I
  - Elektronentransport durch **Photosystem I (2. Ladungstrennung)**
  - **Reduktion von NADP** als **Endakzeptor**

b) linearer (zyklischer) Elektronentransport
- bei **Überschuss** an Reduktionsäquivalenten: **Rückfluss** der **Elektronen** zum Cytochrom-b/f-Komplex
- Aufbau von **Protonengradient ohne** Bildung von NADPH

Anhand der Abbildungen 10.12 und 10.14 in Campbells Biologie können Sie den nichtzyklischen und zyklischen Elektronentransport der Photosynthese gut nachvollziehen.
(Siehe hierzu auch die entsprechenden Textabschnitte „Nichtzyklischer Elektronentransport" und „Zyklischer Elektronentransport".)

(Campbell S. 220 und S. 221 bzw. S. 219 und S. 220) gelernt ☐

Photophosphorylierung
- **ATP-Erzeugung** gekoppelt an **photosynthetischen Elektronentransport**
- **Energie** des lichtinduzierten **Protonengradienten** treibt die **membrangebundene ATP-Synthase** an

Ähnlichkeiten zwischen oxidativer und Photophosphorylierung
- beide umfassen **Elektronenfluss** über eine Reihe von **Redox-Zwischenstufen** (membrangebundene Carrier)
- **„bergab"** (exergonisch) verlaufender **Elektronenfluss** ist gekoppelt mit **„bergauf"** verlaufendem **Transport von Protonen** durch protonenundurchlässige Membran

---

Vergleiche hierzu auch den Abschnitt: „Die Chemiosmose der Chloroplasten und Mitochondrien im Vergleich" in Campbells Biologie.

(Campbell S. 221) gelernt ☐

8.6.2 Anoxygene Photosynthese

- bei **Grünen Schwefelbakterien, Purpurbakterien** und **Heliobakterien**
- Photopigmente: **Bakteriochlorophylle, Carotinoide**
- nur **1 Photosystem** und **1 Lichtreaktion:**
  - erzeugt **Protonengradienten** und **Reduktionsäquivalente (NADPH)**
- **zyklischer Elektronentransport:** Elektronen werden zyklisch zum Reaktionszentrum zurückgeführt
- **Elektronendonoren:** reduzierte Schwefelverbindungen (z. B. H_2S), H_2, Fe^{2+} oder organische Substanzen
- **keine** Bildung von O_2

revertierter Elektronentransport (*reverse electron flow*)
- Form des Elektronentransports bei manchen **Prokaryoten** (z. B. Purpurbakterien)
- in Richtung eines **negativeren Redoxpotenzials** → wenn primärer Elektronenakzeptor positiveres Redoxpotenzial besitzt als $NADP^+$
- benötigt **Energiezufuhr** von Protonengradient
- dient der **Reduktion von NAD$^+$** durch Elektronen aus dem Chinonpool, dessen E_0' dafür nicht negativ genug ist

Zur Entwicklung der oxygenen bzw. anoxygenen Photosynthese siehe auch:
Die Photosynthese entstand in der Stammesgeschichte der Prokaryoten
schon früh.

☐ *gelernt (Campbell S. 636)*

8.6.3 CO_2-Fixierung

autotrophe CO_2-Fixierung
- **Reduktion von CO_2** auf die Stufe von **Biosynthesevorstufen**
- Bindung von CO_2 durch **Carboxylierung** eines **Akzeptormoleküls**
- Hauptweg für **alle eukaryotischen** und **viele prokaryotische** Autotrophe: **Calvin-Zyklus**
- **alternative** Wege bei **Prokaryoten** und manchen Pflanzen (**C4-Pflanzen**)

> **!** **Calvin-Zyklus (reduktiver Pentosephosphatzyklus)** (Abb. 8.12)
> - **anaboler** Stoffwechselweg zur **autotrophen CO_2-Fixierung**
> - bei **phototrophen Eukaryoten** und vielen **phototrophen** und **chemo-lithotrophen Prokaryoten**
> - Bildung von **Hexosen**, angetrieben durch **ATP** und **NADPH** aus **Licht-reaktionen**
> - 3 Hauptschritte
> - 1.Schritt: **Kohlenstoff-Fixierung – Carboxylierung** des C_5-Akzeptors (**Ribulose-1,5-bisphosphat**)
> - 2. Schritt: **Reduktion** – Bildung von **Fructose-6-phosphat** unter Verbrauch von **ATP** und **NADPH**
> - 3. Schritt: **Regeneration** des **CO_2-Akzeptors** unter Verbrauch von **ATP** (durch Transketolase, Aldolase)
> - **Nettoreaktion:**
> $$6\,CO_2 + 12\,H_2O + 12\,NADPH + 18\,ATP \rightarrow C_6H_{12}O_6 + 18\,ADP + 18\,P_i + 12\,NADP^+ + 6\,H^+$$

Im Calvin-Zyklus dienen ATP und NADPH dazu, Zucker aus CO_2 herzustellen

☐ *gelernt (Campbell S. 222)*

Rubisco (Ribulose-1,5-bisphosphat)
- **Schlüsselenzym** des Calvin-Zyklus
- katalysiert die **Carboxylierung** von Ribulose-1,5-bisphosphat → Produkt wird danach gleich in 2 **3-Phosphoglycerat** gespalten
- wird durch **Licht** aktiviert (CO_2-Fixierung erfolgt tagsüber)

 - insgesamt **6 Zyklen** mit Fixierung von **6 CO_2** sind erforderlich, um **1 Hexosemolekül** zu synthetisieren
- pro **CO_2-Molekül** werden **2 NADPH**, **2 H_2O** und **3 ATP** benötigt

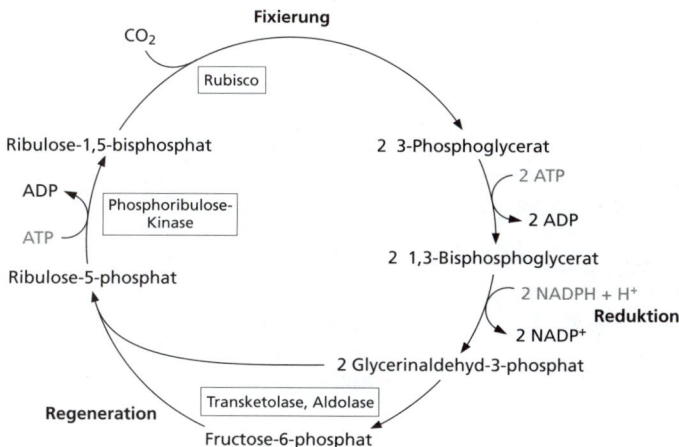

Abb. 8.12: Der Calvin-Zyklus.

Regulation des Calvin-Zyklus
- Schlüsselenzym **Rubisco (Ribulose-1,5-bisphosphat-Carboxylase)** → bei phototrophen Organismen durch **Licht** aktiviert
- **Thioredoxin:** in **reduzierter** Form (im Licht) **Aktivator** der Biosynthese-Enzyme, in **oxidierter** Form (im Dunkeln) **Inhibitor**

alternative Wege der CO_2-Fixierung
- bei Pflanzen, die an **trockene Standorte** angepasst sind → Einschränkung des **Wasserverbrauchs**
- primäre CO_2-Fixierung durch **PEP-Carboxylase**, endgültige durch Rubisco
a) *bei C4-Pflanzen*
   - bei Fixierung entsteht Produkt mit **4 C-Atomen** (Oxalacetat)
   - **räumliche Trennung** der CO_2-Fixierung (in Mesophyllzellen) vom Calvin-Zyklus (in Bündelscheidenzellen)
b) *bei CAM-Pflanzen*
   - **CAM** = *crassulacean acid metabolism* (**Crassulaceen-Säurestoffwechsel**)
   - **zeitliche Trennung** der CO_2-Fixierung (nachts) vom Calvin-Zyklus (tagsüber)

In heißen und trockenen Lebensräumen haben sich alternative Mechanismen der Kohlenstoff-Fixierung entwickelt

(Campbell S. 225) gelernt ☐

9. Membranen

> **!** **Zellmembranen**
> - unterteilen Zellraum von **Eukaryotenzellen** in **Kompartimente**
>   (→ sind von 1 oder auch 2 Membranen – **Chloroplasten** und **Mitochondrien** – umgeben)
> - bilden **selektive Barrieren**
> - **stabil**, aber nicht statisch
> - Bestandteile: v. a. **Lipide** und **Proteine** in **artspezifischer Zusammensetzung**
> - einheitlicher Bauplan: **Lipiddoppelschicht**

Innere Membranen grenzen Funktionen einer Eukaryotenzelle gegeneinander ab

☐ *gelernt (Campbell S. 135)*

membrangebundene Reaktionen
- oxidative Phosphorylierung
- Photosynthese
- Speicherung von Energie
- Kommunikation zwischen Zellen
- Formveränderungen
- amöboide Bewegungen
- Zellteilung

9.1 Bauplan zellulärer Membranen: die Lipiddoppelschicht

Fluid-Mosaik-Modell (Abb. 9.1)
- derzeit gültiges **Membranmodell**
- erstellt 1972 von **S. J. Singer** und **G. L. Nicolson**
- beschreibt Membran als **fluide Lipiddoppelschicht** mit darin **eingelagerten Proteinen**
- Proteine „schwimmen" in zweidimensionalem Flüssigkeitsfilm frei umher

> **!** **Lipiddoppelschicht (Bilayer)** (Abb. 9.1)
> - **universelle Grundstruktur** aller zellulären Membranen
> - aus **2 Lipidschichten** (Membranblätter)
> - außen: **hydrophile** Lipidköpfe; nach innen gerichtet: **hydrophobe** Fettsäurereste
> - Einlagerung **unterschiedlicher Proteinmengen** je nach Membrantyp

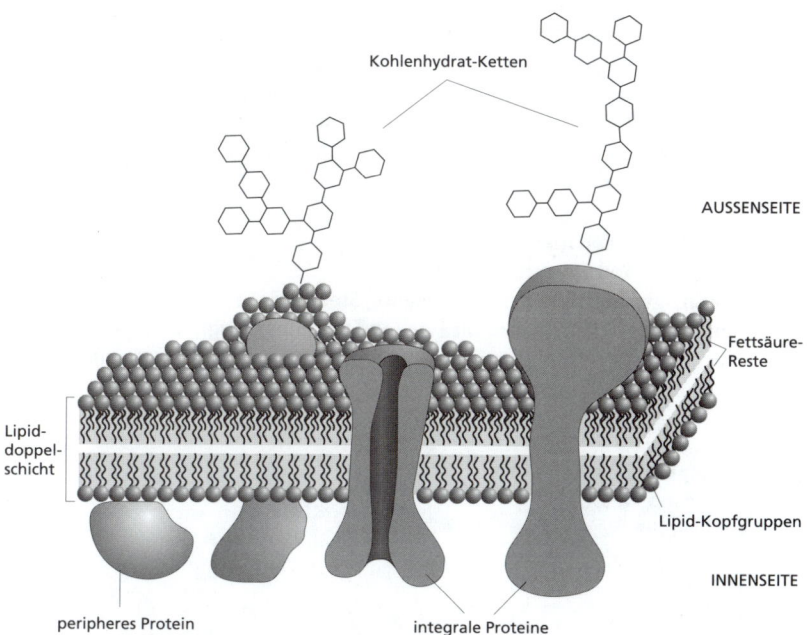

Kohlenhydrat-Ketten

AUSSENSEITE

Fettsäure-Reste

Lipid-doppel-schicht

Lipid-Kopfgruppen

INNENSEITE

peripheres Protein

integrale Proteine

Abb. 9.1: Das Fluid-Mosaik-Modell zum Aufbau von Zellmembranen.

Membranmodelle entwickeln sich aufgrund neuer Befunde weiter

(Campbell S. 164) gelernt

• Stärke der Lipiddoppelschicht: **5–8 nm**

9.2 Die Lipidkomponente von Membranen

Lipidmoleküle
• **wasserunlöslich**
• **amphipathische** (amphiphile) Verbindungen:
    – **hydrophile Kopfgruppe**: polares Ende aus **Phosphorsäureestern** oder **Zuckerresten**
    – **hydrophobe Schwanzgruppe**: unpolares Ende aus **aliphatischen Kohlenwasserstoffen**
• Membranlipide = **komplexe Lipide**

Zahl unterschiedlicher Lipidtypen von Membranen
- **Bakterienmembranen**: z. T. nur 3 (z. B. Plasmamembran von *E. coli*: Phosphatidylethanolamin, Phosphatidylglycerin, Cardiolipin)
- **Myleinscheiden** menschlicher Nerven: mindestens 8 (z. B. Phosphatidylcholin, Phosphatidylethanolamin, Sphingomyelin)
- **Erythrocytenmembran**: ca. 400

Fettsäurereste von Membranlipiden
- stammen von wenigen Fettsäuren
- **gesättigte Fettsäuren**: Palmitinsäure, Stearinsäure
- **ungesättigte Fettsäuren**: Ölsäure (einfach ungesättigt), Linolsäure (zweifach), α- und γ-Linolensäure (dreifach), Arachidonsäure (vierfach)

9.2.1 Hauptklassen der Membranlipide

 5 Hauptklassen
- Phospholipide
- Glykolipide
- Sterole/Hopanoide
- Etherlipide
- Isoprenlipide

Phospholipide
- stellen den **größten Anteil** innerhalb der Membranlipide
- hydrophile Kopfgruppe: **Phosphorylgruppe**
- unterteilt in 2 Gruppen
- *a) Glycerophospholipide (Glycerophosphatide)* (Abb. 9.2 A)
  - leiten sich ab von **Glycerin**
  - **Hydroxylgruppe** an **C1** und **C2** verestert mit **Carboxylgruppe** je einer Fettsäure
  - **Hydroxylgruppe** an **C3** verestert mit **Phosphorsäure**
  - einfachstes: **Phosphatidat** (Diacylglycerin-3-phosphat) → daraus Biosynthese weiterer Glycerophospholipide
  - z. T. Trivialnamen wie **Lecithin** (Phosphatidylcholine)
  - **Plasmalogene**: an **C1** von Glycerin **langkettiger Alkohol** (über Enoletherstruktur)
  - **Plasmensäuren**: an **C1** langkettiger Alkohol (über Enoletherstruktur), an **C2** weiterer Kohlenwasserstoffrest (über Enoletherstruktur), an **C3** über Phosphorylsäure andere Verbindungen gebunden (z. B. Ethanolamin, Cholin, Serin)
  - **Plasmansäuren**: wie Plasmensäuren, aber an **C1 Fettsäurerest** (über Etherbindung)
- *b) Sphingolipide (Sphingophosphatide)* (Abb. 9.2B)
  - enthalten **Sphingosin** (langkettiger Aminoalkohol) statt Glycerin als Alkoholkomponente

- Grundstruktur: **Ceramid** – entsteht durch Veresterung der Aminogruppe mit langkettiger Fettsäure

Phospholipide sind Hauptbestandteile von Zellmembranen

(Campbell S. 84) gelernt ☐

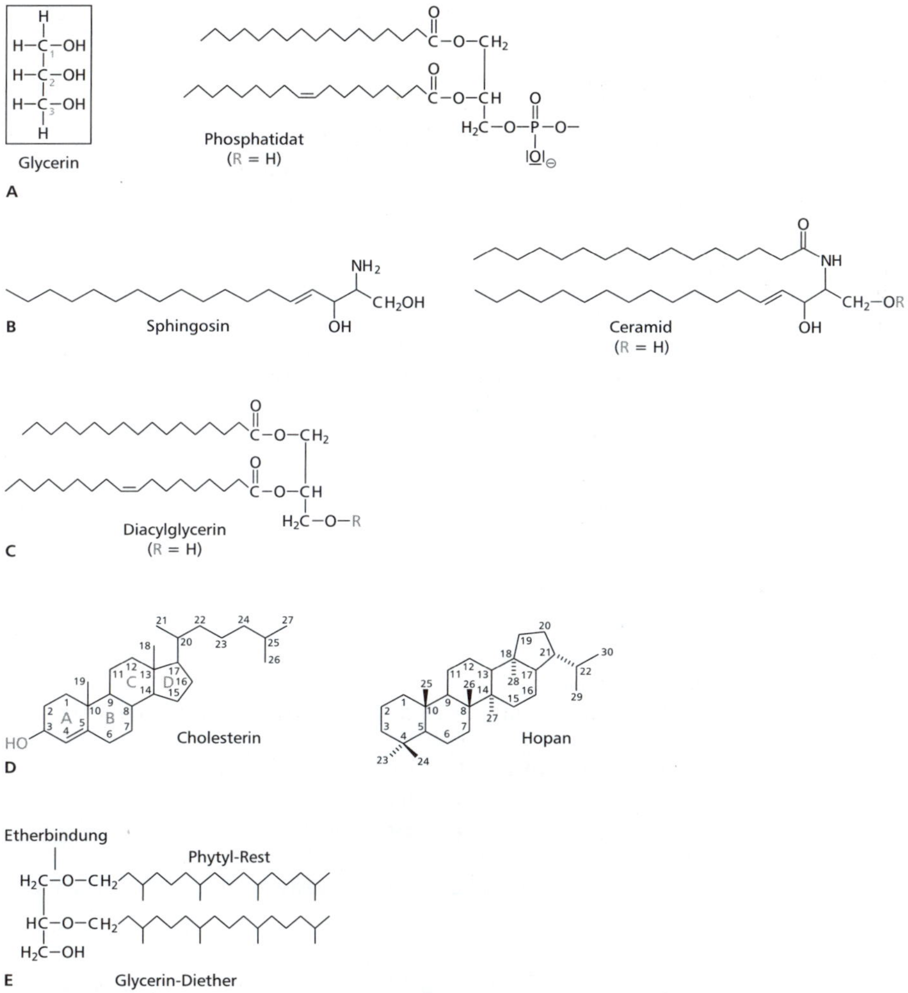

A   Glycerin   Phosphatidat (R = H)

B   Sphingosin   Ceramid (R = H)

C   Diacylglycerin (R = H)

D   Cholesterin   Hopan

E   Etherbindung   Phytyl-Rest   Glycerin-Diether

Abb. 9.2: Strukturen verschiedener Lipidbausteine. (A) Glycerin und Phosphatidat (Bausteine von Glycerophospholipiden); (B) Sphingosin und Ceramid (Bausteine von Sphingolipiden bzw. Glykosphingolipiden); (C) Diacylglycerin (Baustein von Glykoglycerolipiden); (D) Cholesterin (ein Sterol) und Hopan (Grundstruktur der Hopanoide); (E) Glycerin-Diether (ein Etherlipid).

Eine physiologisch bedeutende **Plasmansäure** ist der **Plättchen-aktivie-rende Faktor** (**PAF**), der an der Thrombocytenaggregation bei der Blutge-rinnung beteiligt ist.

Glykolipide
- hydrophile Kopfgruppe: **Kohlenhydrate**, z. T. verestert mit **Schwefel-säure**
- keine Phosphatreste
a) *Glykoglycerolipide* (Abb. 9.2.C)
   - leiten sich ab von **Glycerin**
   - **1,2-Diacylglycerin**, an **C3** Mono- oder Disaccharid
   - v. a. bei **Bakterien** und in **Thylakoidmembranen** von Chloroplasten
   - **Sulfolipide**: Zuckerbaustein 6-Desoxy-6-sulfo-D-Glucose; nur bei Pflanzen
b) *Glykosphingolipide*
   - Baustein: **Sphingosin** bzw. **Ceramid** (Abb. 9.2B)
   - **Cerebroside**: einfache neutrale Glykosphingolipide; **OH-Gruppe** von Ceramid verestert mit **Monosaccharid** (Glucose oder Galactose)
   - **Sulfatide**: an Zuckeranteil verestert mit **Schwefelsäure**
   - **Ganglioside**: OH-Gruppe von Ceramid verestert mit neutralem **Oligosaccharid**, das ein oder mehrere **Sialinsäuren** enthält
     – v. a. in Nervenzellen und grauer Substanz des Gehirns

Siehe hierzu auch:
Membrangebundene Kohlenhydrate sind wichtig für die Zell-Zell-Erkennung

☐ *gelernt (Campbell S. 169)*

Sterole und Hopanoide
- **einfache Lipide** mit entscheidendem Einfluss auf die **Membranintegrität**
a) *Sterole*
   - **amphipathische** Moleküle: mit **Hydroxylgruppe** an **C3** (hydrophil), Kohlenwasserstoffgerüst hydrophob
   - charakteristisch für **eukaryotische** Membranen, können aber nicht allein Membranen bilden
   - z. B. bei Wirbeltieren **Cholesterol** (**Cholesterin**, Abb. 9.2D), bei Pflanzen **Stigmasterol**, bei Pilzen **Ergosterol**
b) *Hopanoide*
   - Grundstruktur: **Hopan** (Abb. 9.2D)
   - nur bei **Prokaryoten**

 Cholesterin ist nicht nur Membranbaustein, sondern auch Ausgangs-substanz für die Synthese von **Steroidhormonen** und **Vitamin D**.

Etherlipide und Isoprenoidlipide

a) Etherlipide

- **Kohlenwasserstoffketten** mit **Etherbindungen** statt Esterbindungen mit **Glycerin** verbunden
- **Glycerin-Diether (Dietherlipide)** (Abb. 9.2E) und **Glycerin-Tetraether (Tetraetherlipide**; diese bilden **Lipid-Monolayer)**
- nur bei **Archaea** und einigen **thermophilen Eubakterien**

b) Isoprenoidlipide

- ·z. B. **Squalen**, weit verbreitet bei Prokaryoten
- weitere **Polyprenyl-Derivate** wie **β-Carotin**

Da **Archaea** z. T. unter extremsten Bedingungen leben (hohe Temperaturen, stark saures Milieu), besitzen sie **Etherbindungen** – Esterbindungen würden unter diesen Bedingungen rasch hydrolysieren.

Lipopolysaccharide

- komplexe Moleküle mit **Lipid-** und **Polysaccharidanteil**
- nur bei **äußerer Membran gramnegativer Bakterien**
- mit **Endotoxin-Wirkung**

9.2.2 Eigenschaften der Lipiddoppelschicht

Biomembranen sind flüssig

(Campbell S. 165) gelernt ☐

Bewegungen der Membrankomponenten

laterale Diffusion	– seitliche Beweglichkeit von **Membranlipiden** und **-proteinen innerhalb** der Membranebene (häufig)
transversale Diffusion (Flip-Flop)	– Übergang eines **Lipids** von einem Membranblatt in das **andere** (selten) – bei Proteinen bisher **nicht** nachgewiesen
Rotationsdiffusion	– Bewegung von **Lipid-** und **Proteinmolekülen** um deren **Längsachse**

Membranfluidität

- abhängig von **Lipidzusammensetzung**:
  - je **länger** die Kohlenwasserstoff- bzw. Fettsäureketten und je **höher** der Anteil **gesättigter** Bindungen, umso **geringer** ist die **Fluidität** (bzw. höher die Viskosität)
  - **ungesättigte** Kohlenwasserstoffketten mit Knick → lockerer gepackt → **höhere Fluidität**

- abhängig von **Temperatur**:
  - bei **niedrigen Temperaturen** Membran in **Gelphase** ($\rightarrow$ wenig Lipid-bewegung)
- abhängig vom **Sterolgehalt**:
  - eingelagerte **Sterole** dichten Membranen ab (verringern Permeabilität), stabilisieren sie, verhindern abrupten Phasenübergang $\rightarrow$ bewirken annähernd **konstante Fluidität** bei unterschiedlichen Temperaturen

---

 Die **Fluidität** der Membranen ist eine Grundvoraussetzung für Leben
$\rightarrow$ ermöglicht:
- **Formveränderungen** ($\rightarrow$ Wachstum)
- **Transportvorgänge** ($\rightarrow$ Stoffaustausch)
- **Membranfusion** und **Abschnürungen** ($\rightarrow$ Zellteilung, Vesikelabschnürung)

Asymmetrie der Lipiddoppelschicht
- die verschiedenen **Membranblätter** besitzen **unterschiedliche Lipid-komposition**
- **Steroide**: in beiden Schichten gleichmäßig verteilt
- **Glykolipide**: kommen ausschließlich im **äußeren Membranblatt** vor
- **Flippasen (Phospholipid-Translokasen)**: ermöglichen Übergang von Lipiden in anderes Membranblatt $\rightarrow$ halten **unterschiedliche Lipid-verteilung** aufrecht
- in manchen Membranbereichen Bildung von **Clustern** bestimmter Lipide (Glykosphingolipide und Cholesterin)

Beispiele für Funktionen verschiedener Lipide
- einige sind unentbehrlich für die **Funktion membranständiger Proteine**, etwa für **Proteinkinasen** (z. B. Diacylglycerin für Proteinkinase C)
- einige Lipide bzw. Hydrolyseprodukte als *second messenger* an **Signal-transduktion** beteiligt

Bildung amphipathischer Aggregate (Abb. 9.3)
- in **wässriger Umgebung** Zusammenlagerung **amphipathischer Lipide** zu höher geordneten Strukturen mit **hydrophoben** Enden im Innern $\rightarrow$ energetisch bevorzugt
- **Micellen**: kugelförmig, aus Lipiden mit **1 hydrophoben Kette**
- **Lipiddoppelschichten**: aus Lipiden mit **2 hydrophoben Ketten**
- **Liposomen (Vesikel)**: Zusammenschluss von Lipiddoppelschicht zu **flüssigkeitsgefüllter Hohlkugel**
- **Zusammenhalt** der Membran durch **hydrophobe Wechselwirkungen** und **Van-der-Waals-Kräfte**
- Membranen sind **selbstreparierend**

9.2.3 Biosynthese der Membranlipide
- bei **Eukaryoten**: in den **Membranen des glatten ER**, aber auch Mitochondrienmembran, Plastiden
- bei **Prokaryoten**: in der **Plasmamembran**

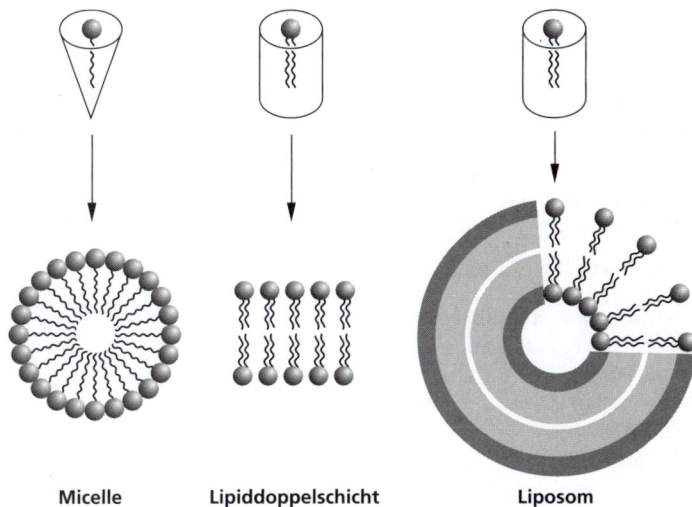

| Micelle | Lipiddoppelschicht | Liposom |

Abb. 9.3: Die Bildung amphipathischer Aggregate.

- **Glycerophospholipide**: Synthese aus Acetyl-CoA und Glycerin-3-phosphat
- **Sphingolipide**: aus Serin und Palmytil-CoA
- **Steroide** und **Hopanoide**: ausgehend von Acetyl-CoA über Squalen →
  Umbau zu Cholesterin (Tiere) bzw. Hopanoiden (Bakterien, Pflanzen)
- **intrazellulärer Lipidtransport**: v. a. überwiegend durch **Vesikel** oder durch
  spezifische **Transferproteine**
  - Ausnahme: **Cholesterin** → spontaner Transfer

9.2.4 Membranfusion

- Membranen werden durch **Fusionsproteine** zusammengezogen

Beispiele für Membranverschmelzungen und -abschnürungen
- **Endocytose** und **Exocytose**
- Abschnürungen und Verschmelzungen von **Vesikeln** zwischen ER und
  Golgi-Apparat
- Verschmelzung von **Endosom** und **Lysosom**
- Verschmelzung kleiner **Vakuolen** (Pflanzen)
- **Zellteilung**
- Verschmelzung von **Eizelle** und **Spermium**
- **Virusinfektion**, **Virusknospung**

Siehe hierzu auch:
Makromoleküle passieren die Plasmamembran durch Exocytose und Endo-
cytose

(Campbell S. 177) gelernt ☐

9.3 Die Proteinkomponente von Membranen

- in Membran unterschiedliche **Proteine** eingelagert
- üben **membranspezifische Funktionen** aus
- Art und Menge unterschiedlich: z. B. 18 % Proteine bei Myleinscheide, 75 % bei innerer Mitochondrien- und Chloroplastenmembran

Biomembranen sind ein strukturelles und funktionelles Mosaik

☐ *gelernt (Campbell S. 167)*

Funktionen von Membranproteinen
- **Transport**: durch Kanäle oder Transportproteine
- **Enzymaktivität**: z. T. als Multienzymkomplex
- **Kommunikation (dazu Signalübertragung, Zellerkennung)**
- **Energieübertragung**
- **Signalübertragung**: Botenstoff löst Konformationsänderung aus
- **Zellverbindungen**: zwischen Membranproteinen benachbarter Zellen
- **Zell-Zell-Erkennung**: z. B. Glykoproteine
- **Verankerung** an Cytoskelett und extrazellulärer Matrix
- z. T. erfüllen einzelne Proteine mehrere Funktionen

In Abbildung 8.9 in Campbells Biologie *sind einige Funktionen von Membranproteinen übersichtlich zusammengefasst.*

☐ *gelernt (Campbell S. 169)*

Unterscheidung von Membranproteinen nach ihrer Assoziation

periphere Membranproteine	integrale Membranproteine
schwach gebunden an Membranoberfläche → über **nicht-kovalente Bindungen** mit integralen Proteinen oder Phospholipiden assoziiert	**fest verankert** in der Membran → lipophile Membrananker oder Transmembranproteine
bei Abtrennung bleibt Membranstruktur intakt	nur durch Zerstören der Membran herauslösbar, z. B. durch Detergenzien
z. B. Cytochrom c an innerer Mitochondrienmembran	z. B. Acetylcholinesterase, Porine

Verankerung integraler Membranproteine
a) lipophiler Membrananker
- Befestigung über **hydrophoben Kohlenwasserstoffrest**
  - über **Fettsäurekette**
  - über **Polyprenyl-Seitenkette**
  - über **GPI-Anker** (Glykosyl-Phosphatidylinositol-Anker)

b) Transmembranproteine
- **Polypeptidkette** selbst durchspannt die Membran mindestens einmal (**Single-pass-Proteine**) oder mehrmals (**Multi-pass-Proteine**)
- als **Transmembran-Helix** (α-Helix) aus 20–30 Aminosäuren
  - viele mit **Siebentransmembranhelix-Motiv** (7TM-Motiv), z. B. **Bakteriorhodopsin**
  - können aus Primärstruktur vorhergesagt werden
  - als **β-Barrel** (β-Faltblatt) → z. B. bei **Porinen**

9.4 Transportvorgänge an Membranen

Membranpermeabilität (Membrandurchlässigkeit)		!
durch Diffusion	**durch Transportproteine**	
hydrophobe Moleküle z. B. O_2, CO_2, N_2, Benzol (lipophil)	**Ionen** z. B. H^+, Na^+, HCO_3^-, K^+, Ca^{2+}, Cl^-, Mg^{2+}	
kleine ungeladene, polare (hydrophile) Moleküle z. B. Wasser oder Harnstoff	**große ungeladene, polare** Moleküle z. B. Glucose, Saccharose	

- biologische Membranen sind **semipermeabel** (halbdurchlässig)

Der molekulare Aufbau einer Biomembran führt zu selektiver Permeabilität

(Campbell S. 170) gelernt ☐

Ionenkanäle (kanalbildende Proteine)
- **wassergefüllte Poren** in der Membran aller lebenden Zellen
- **Transport**: stets **passiv** → dem **elektrochemischen Gradienten** (**Konzentrationsgefälle**) folgend
- **starke Selektivität:** meist **spezifisch** für eine Substanz oder Ionenart
- **Porenöffnung** kann durch verschiedene Mechanismen reguliert werden, z. B.
  - Membranpotenzial (**spannungsabhängige** Kanäle)
  - Bindung bestimmter Stoffe (**Liganden-gesteuerte** Kanäle)
- ermöglichen **schnellen** Übertritt von **anorganischen Ionen** (v. a. Na^+, K^+, Ca^{2+}, Cl^-) → effektiverer Transport als durch Carrier

Carrier (Translokatoren)
- **Transportproteine**: binden **stöchiometrisch** an die zu transportierende Substanz
- mit einer oder mehreren **spezifischen Bindungsstellen** (→ Transport ähnelt enzymkatalysierter Reaktion)

- **Transport**: kann **passiv** oder **aktiv** sein
- Substanzen: **Ionen** oder **größere Moleküle** (wie Peptide)
- spezifische **Hemmung** durch **Substratanaloga**

Formen des Carrier-Transports

Bezeichnung	Charakterisierung	Beispiel
Uniport	Transport von **1 Substrat** über eine Membran	Glucoseaufnahme durch Glucose-Permease
Co-Transport	Transport von **2 unterschiedlichen Substraten** über eine Membran	
– Symport	– Transport in **gleicher Richtung**	– Lactoseaufnahme durch Lactose-Permease, gekoppelt mit H⁺
– Antiport	– Transport in **entgegengesetzter Richtung**	– z. B. Na⁺-K⁺-ATPase

Beim Cotransport koppelt ein Membranprotein den Transport zweier gelöster Stoffe

☐ *gelernt (Campbell S. 177)*

! passiver und aktiver Transport im Vergleich

passiver Transport	entlang eines **Konzentrationsgefälles**; **ohne** Energieverbrauch
a) Diffusion	– hydrophobe Moleküle oder sehr kleine ungeladene Moleküle
b) erleichterte Diffusion	– passiver Transport durch **Kanäle**; im Unterschied zur freien Diffusion ein **sättigbarer Vorgang**
aktiver Transport	– **entgegen** des Konzentrationsgefälles; unter **Energieverbrauch**

Passiver Transport ist die Diffusion von Teilchen durch eine Membran

☐ *gelernt (Campbell S. 170)*

Spezifische Proteine erleichtern den passiven Transport von Wasser und ausgewählter gelöster Substanzen

☐ *gelernt (Campbell S. 174)*

> **aktiver Transport**   !
> - benötigt stets **Energiequelle**: z. B. Hydrolyse von **ATP, Membran-
>   potenzial**
> - erfolgt **entgegen** dem **elektrochemischen Gradienten**
> - resultiert in **Erhöhung der freien Enthalpie** der transportierten
>   Substanz nach dem Transport
> - prinzipiell 3 unterschiedliche Mechanismen:
>   - **primär aktiver Transport**
>   - **sekundär aktiver Transport**
>   - **Gruppentranslokation**

---

*Aktiver Transport ist das Pumpen eines gelösten Stoffes entgegen seinem
Konzentrationsgefälle*

(Campbell S. 174) gelernt ☐

Manche Ionenpumpen erzeugen an der Membran ein elektrisches Potenzial

(Campbell S. 175) gelernt ☐

Formen des aktiven Transports

a) primär aktiver Transport
- **Energie liefernder Schritt** (ATP-Hydrolyse, Lichtabsorption) **direkt** mit
  dem Transportvorgang verbunden
- z. B. Na^+-K^+-ATPase; ABC-Transporter, lichtgetriebene Protonentrans-
  lokation durch Bakteriorhodopsin

b) sekundär aktiver Transport
- nutzt den von einem **primär aktiven Transporter** erzeugten **elektro-
  chemischen Gradienten** einer Substanz für den **gleichzeitigen** Trans-
  port (**Cotransport**) einer anderen Substanz **entgegen** deren elektro-
  chemischem Gradienten
- z. B. Na^+-Glucose-Symporter, Na^+-Gradient aufgebaut durch Na^+-K^+-
  ATPase

c) Gruppentranslokation (Phosphotransferase-System, PTS)
- nur beim **Zuckereintransport** von Bakterien
- Zucker wird vor Aufnahme **chemisch modifiziert** (phosphoryliert)
  → es entstehen nicht-membrangängige Derivate im Cytoplasma

9.4.1 Beispiele für Transportproteine

Ionophore
- **Antibiotika**, die **Ionen** die Membranpassage ermöglichen
- können als **Ionen-Carrier** oder **Ionenkanäle** fungieren
- führen zum **Zusammenbruch des Membranpotenzials** und damit zum
  Zelltod

Porine
- **kanalbildende Membranproteine**, die den **passiven** Transport **kleiner Moleküle** und **Ionen** ermöglichen (→ **erleichterte Diffusion**)
- in den äußeren Membranen **gramnegativer Bakterien** und **Mitochondrien**
- **spannungsabhängige** Kanäle
- Unterscheidung zwischen **unselektiven** und **selektiven** Porinen
- **β-Barrel** als Kanalstruktur
- Zusammenlagerung zu **Homotrimeren** (aus 3 Monomeren)

Aquaporine
- speziell **wasserdurchlässige** kanalbildende Membranproteine (→ **selektiv** für Wasser)
- bei **Prokaryoten** und **Eukaryoten**
- meist **Homotetramere**

 Aquaporine erhöhen die Permeabilität von Membranen für Wasser, z. B. in den Nieren.

Liganden-gesteuerte Ionenkanäle
- **Rezeptoren** für **Neurotransmitter**
- Funktion: **Signalübertragung** durch **Neurotransmitter** an **Synapsen**
- **Bindung** der Neurotransmitter (Liganden) → **Konformationsänderung** → kurzzeitige **Öffnung** der Kanäle → Einstrom von **Ionen**
- z. B. nicotinerger **Acetylcholinrezeptor** der neuromuskulären Synapse

---

Vergleiche hierzu auch:
Veränderungen des Membranpotenzials eines Neurons führen zu Nerven-impulsen

☐ *gelernt (Campbell S. 1230)*

 Ionenpumpen (ATP-getriebene Transporter)
- Transportproteine, die auf den **aktiven Transport** von **anorganischen Ionen** spezialisiert sind
- verwenden **ATP** als **Energiequelle**
- Unterteilung in 3 Gruppen, v. a. aufgrund des **Katalysemechanismus**

Gruppen von Ionenpumpen
a) P-Typ-ATPasen
- P steht für **Phosphorylierung**
- bei **Prokaryoten** und **Eukaryoten**
- transportieren **Kationen**, z. T. auch speziell **Schwermetallionen**
- z. B. **Na$^+$-K$^+$-ATPase**

b) *V-Typ-ATPasen*
  - V steht für **Vakuolen**
  - nur bei **Eukaryoten** in Organellenmembranen und Plasmamembran
  - **Protonenpumpen**

c) *F-Typ-ATPasen*
  - F steht für **Faktor 1** (Kopplungsfaktor F_1)
  - Funktion: **Synthese von ATP** mithilfe eines H^+-Gradienten
  - z. B. F_1F_0**-ATPase** der Mitochondrien (s. Kap. 8)

Na^+-K^+-ATPase (Natrium-Kalium-Pumpe)

- **P-Typ-ATPase** aus α- und β-**Untereinheit**
- **wichtigste Ionenpumpe** tierischer Organismen
- Transport von **3 Na^+** (aus der Zelle heraus) im Austausch gegen **2 K^+** (in die Zelle hinein) unter **ATP-Verbrauch** (gegen steiles **Konzentrationsgefälle**)
- wechselt zwischen **2 Konformationen**
- Bedeutung: **Erzeugung** und **Aufrechterhaltung** der unterschiedlichen **Na^+- bzw. K^+-Konzentration** in Cytosol und extrazellulärem Raum; Regulation des **Zellvolumens**
- Umwandlung der **Energie** von ATP in **Ionengradient** über der Membran
- **elektrogene Wirkung**: Erzeugung eines Netto-Stromflusses
- **Hemmung** durch **herzwirksame Glykoside** → binden an α-Untereinheit

Veranschaulichen können Sie sich die Funktion der Natrium-Kalium-Pumpe anhand von Abbildung 8.15 in Campbells Biologie. *(Campbell S. 175) gelernt* ☐

ABC-Transporter

- große Gruppe **ATP-getriebener** Membrantransporter
- ABC steht für **ATP-Bindungs-Kassette** (*ATP-binding-cassette*)
- meist aus 4 Domänen
- besitzen **umfangreiches Substratspektrum**: z. B. Aminosäuren, anorganische Ionen, Mono- und Polysaccharide, Peptide und Proteine

10. Kompartimente

Kompartimentierung
- interne Gliederung **eukaryotischer Zellen** in mehrere funktionell unterschiedliche **Reaktionsräume**
- Unterteilung in **Zellorganellen** oder **Kompartimente**
- ist **dynamisch**: Kompartimente über **Transportvesikel** untereinander in Verbindung, **Internalisierung** der Cytoplasmamembran (z. B. durch Endocytose)
- Kompartimente mit **spezifischer Oberfläche**

Membranfluss
- durch **Vesikulieren** und **Fusionieren** der Membranen
- kontinuierlicher **Austausch** von Substanzen zwischen **Kompartimenten** sowie zwischen **Zelle** und **Umgebung**
- **nicht** beteiligt: Mitochondrien, Plastiden und Microbodies

Kompartimente der eukaryotischen Zelle (s. auch Abb. 2.2)
- **Nucleus** (2 Membranen)
- raues bzw. glattes **Endoplasmatisches Reticulum (ER)**
- **Golgi-Apparat**
- **Lysosomen**
- **Mitochondrien** (2 Membranen)
- **Microbodies**
- **Plastiden** (nur pflanzliche Zellen; 2 Membranen)
- **Vakuole** (nur pflanzliche Zellen und Pilze)

Einen guten vergleichenden Überblick über die Kompartimente von Tier- und Pflanzenzellen und ihre Funktionen geben die Abbildungen 7.7 und 7.8 in Campbells Biologie.

☐ *gelernt (Campbell S. 136 und S. 137)*

Größe verschiedener Kompartimente	
Kompartiment	**durchschnittliche Größe**
Zellkern	8–10 µm
Chloroplasten	4–8 µm Durchmesser 2–3 µm Dicke
Mitochondrien	0,5–1 µm Durchmesser 2–8 µm Länge
Microbodies	0,2–1,5 µm
Lysosomen	0,1–0,8 µm

10.1 Der Zellkern

Der Zellkern enthält die genetische Bibliothek der Zelle

(Campbell S. 136) gelernt ☐

Zellkern (Nucleus) (Abb. 10.1)   **!**
- in den meisten Zellen nur **einmal** vorkommendes, meist **kugelförmiges** Kompartiment
- enthält fast gesamtes **genetisches Material** (außer Mitochondrien- und Plastiden-DNA)
- **Nucleoplasma (Karyoplasma)**: Kerninhalt – **Chromatin** und **Nucleoli**
- **Kernhülle**: Doppelmembran aus **innerer** und **äußerer Kernmembran** aus Ausläufern des Endoplasmatischen Reticulums (**ER**)
- Existenz abhängig von **Zellzyklus** → vollständige **Auflösung** des Kerns vor der Zellteilung

Ausnahmen der Zellkernzahl
- **mehrere Kerne**: in **Syncytien**, z. B. vielkernige Muskelzellen
- **2 Kerne**: bei **Ciliaten** – **Makronucleus** (somatischer Kern) und **Mikronucleus** (generativer Kern)
- **kernlos**: z. B. **Erythrocyten** von Säugetieren

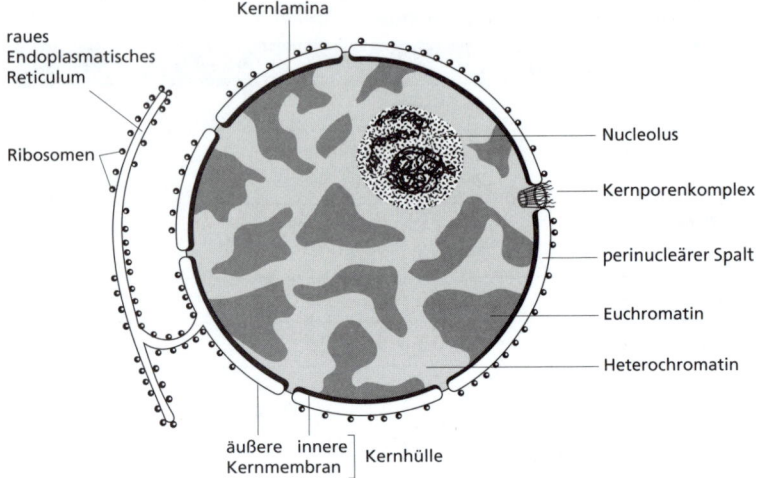

Abb. 10.1: Zellkern, schematischer Querschnitt mit Übergang der äußeren Kernmembran in das Endoplasmatische Reticulum.

 Evolution des Zellkerns

- bei Eukaryoten **große Genzahl** – Organisation in Kern ermöglicht umfangreiche und präzise **Regulationen** auf genetischer Ebene
- Vorteil: **räumliche** und **zeitliche Trennung** von **Transkription** (RNA-Synthese) im **Zellkern** und **Translation** (Proteinbiosynthese) an den **Ribosomen** im Cytoplasma
  - ermöglicht **Prozessierung** der **Prä-mRNA** zur reifen **mRNA** vor der Proteinsynthese (**Spleißen** → Entfernen der Introns)
  - zeitliche Trennung ermöglicht **Regulationsmechanismen** auf RNA-Ebene

---

10.1.1 Das Chromatin

 Chromatin

- Komplex aus **DNA**, **Proteinen** und **RNA**
- in **Interphase** des Zellzyklus unstrukturiert → Unterscheidung von
  - **Euchromatin**: nicht kondensiert → Ort **intensiver Transkription**
  - **Heterochromatin**: stark verdichtet → **transkiptionsinaktiv**
- während der **Mitose**: Kondensation zu **Chromosomen**

Chromosomen

- **kondensierte Transportform** des Chromatins während der Mitose
- dienen der **Verteilung der DNA** auf Tochterzellen
- **DNA** funktionell **inaktiv** (keine Transkription oder Replikation)

Proteinbestandteile des Chromatins

a) Nicht-Histon-Proteine

- heterogene Gruppe, z. B. **Gerüstproteine**, **Replikations-** und **Transkriptionsenzyme**, **DNA-Reparaturenzyme**

b) Histone

- basische **DNA-Bindungsproteine** (Größe: 11–21 kDa)
- beteiligt an **DNA-Organisation**
- mit vielen **basischen Aminosäuren**, v. a. **Arginin** und **Lysin**
- **Modifikation** der **Aminosäureseitenketten** (Acetylierung → dient Freisetzung der DNA für Transkription)
- 5 Histontypen: **H1**, **H2A**, **H2B**, **H3** und **H4**

Organisationsebenen des Chromatins (Abb. 10.2)

a) Nucleosomen

- **perlenartige** Organisationseinheiten
- Komplex aus **Histon-Oktamer** (je 2 Moleküle **H2A**, **H2B**, **H3** und **H4**), um den ein **146 Bp** langer **DNA-Faden** gewickelt ist
- durch überhängende **Linker-DNA**, flankiert von **H1**, mit weiterem Nucleosom verbunden

b) Solenoide

- **schraubenförmige** Organisationseinheiten aus **mehreren Nucleosomen** (6 pro Windung)

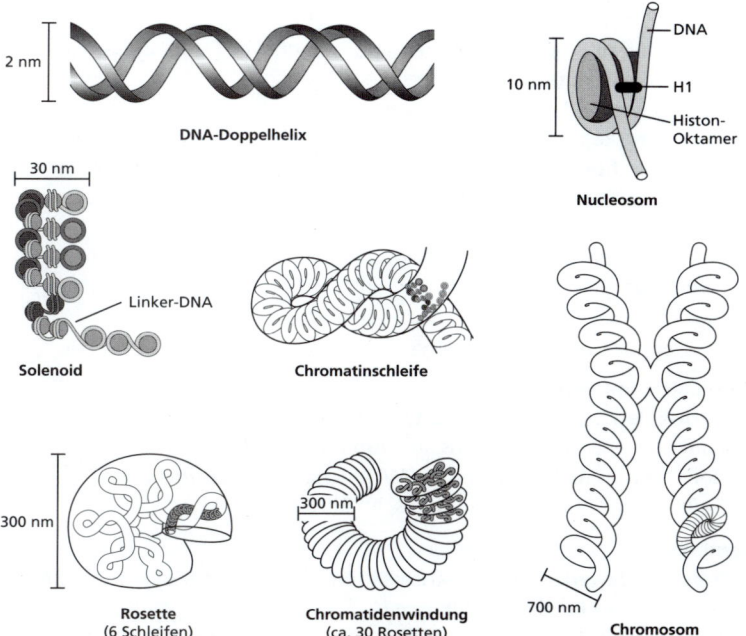

Abb. 10.2: Organisationsebenen des Chromatins und ihre Größenordnungen.

c) *Schleifen und Rosetten*
- Schleifen aus **schraubenförmig** gewundenen **Solenoiden**
- durchschnittlich ca. **6 Schleifen** bilden **Rosette**

d) *Chromatinfäden*
- ca. **30 Rosetten** bilden eine **Chromatidenwindung**

Im Chromatin ist die DNA in mehreren verschachtelten Ebenen verpackt

☐ *gelernt (Campbell S. 416)*

 Größenordnung der Chromatin-Organisationsebenen (Abb. 10.2)

Organisationsebene	Größe
Nucleosomen	10 nm
Solenoide	30 nm
Schleifen und Rosetten	200–300 nm
Chromatinfäden	200–300 nm

10.1.2 Der Nucleolus

Nucleolus
- Plural **Nucleoli – Kernkörperchen** → Bestandteil des **Nucleoplasmas**
- Existenz **zellzyklusabhängig**
- besteht aus **DNA, rRNA** und **Enzymen**
- lichtmikroskopisch erkennbar; elektronenmikroskopisch 3 Bereiche unterscheidbar: **fibrilläres Zentrum, fibrilläre** und **granuläre Komponente**
- Bildungsort der **ribosomalen Untereinheiten** (→ werden anschließend ins Cytoplasma transportiert)
- **NOR** (**Nucleolus-Organisator-Region**): schleifenartige DNA-Abschnitte mit Genen für rRNAs

10.1.3 Kernmatrix und Kernlamina

Kernmatrix (nucleäre Matrix)
- **Kernskelett**: aus **Proteinen** bestehendes Gerüst
- Funktion: **Form des Zellkerns**, an **Chromatinorganisation** beteiligt
- über bestimmte **DNA-Bereiche** (**MARs** = *matrix attachment regions* oder **SARs** = *scaffold associated regions*) an Chromatin gekoppelt

Kernlamina
- **Proteinnetzwerk** (intermediäre Filamente) an der inneren Kernmembran
- besteht aus **3 Laminproteintypen** (A, B, C)
- Funktion: **mechanische Stabilität** der Kernhülle, **Chromatinorganisation**

10.1.4 Kernhülle und Kernporenkomplexe

Kernhülle (Kernmembran)
- **Doppelmembran** aus **innerer** und **äußerer Membran** (INM = *inner nuclear membrane* und ONM = *outer nuclear membrane*)
- Trennung zwischen **Kern** und **Cytoplasma**
- löst sich in **Prometaphase** der Mitose auf (eingeleitet durch **Auflösung der Lamina**)
- durchsetzt von **Kernporenkomplexen**
- **äußere Membran** geht über in **ER-Membran** (s. Abb. 10.1) → besetzt mit **Ribosomen** (außen) und **ribosomalen Enzymen** (Glykosyltransferasen, Signalpeptidasen; innen)

perinucleärer Spalt (Perinuclearzisterne)
- Raum **zwischen** den beiden Kernmembranen
- steht in direkter Verbindung mit dem **Lumen des ERs**

Kernporenkomplexe (NPC, *nuclear pore complex*)
- **Proteinkomplexe** (65–125 MDa) aus **über 100** Proteinen (**Nucleoporine, Nup**)
- bilden **Poren** von ca. **100 nm** Durchmesser (→ Transport großer Makromoleküle)
- mit 8-facher Symmetrie: **cytoplasmatischer Ring** mit **8 Fibrillen**, **nucleoplasmatischer Ring** mit **8 Fasern** → bilden **nucleoplasmatischen Korb**
- Funktion: **Stoff-** und **Informationsaustausch**
- spezifische **Transportkanäle** für **Ribonucleopartikel, Proteine, Nucleotide** und möglicherweise auch **Ionen**

10.1.5 Transportprozesse durch die Kernpore

- **Export**: v. a. **mRNA** (gebildet im Zellkern) ins **Cytoplasma** als Matrize für Proteinbiosynthese
- **Import**: v. a. **Proteine** (gebildet an Ribosomen im Cytoplasma) → Kernproteine, Proteine für Zusammenbau der ribosomalen Untereinheiten im **Kern**
- außerdem **selektiver** Transport von **Ionen**

Siehe hierzu auch:
Ribosomen bauen die Proteinmoleküle einer Zelle auf
                                 (Campbell S. 139) gelernt ☐

Proteinimport in den Zellkern

- wichtigste Komponenten: **Kernlokalisationssignal** (NLS), **NLS-Rezeptor** (z. B. Importin), **Kernporenkomplex**, **Ran/TC4** (G-Protein der Kernpore)
- **Energiequellen**: Hydrolyse von GTP
- 1. Schritt: **energieunabhängige Bindung** des Proteins an Kernpore

- 2. Schritt: **energie-** und **temperaturabhängige Translokation** über Kernmembran
- es gibt auch Importin-NLS-unabhängigen Import und Proteinexport

Kernlokalisationssignal (NLS, nucleäre Lokalisations-Sequenz)
- **Signalsequenz** kernständiger Proteine für den **Import** in den Kern
- besteht aus **karyophilen Clustern** mit vorwiegend **basischen Aminosäuren**, flankiert von **Helix-terminierenden Aminosäuren**

 Die **NLS** wird im Gegensatz zu anderen Zielsteuerungssignalen für Proteine nach erfolgtem Transport in den Kern **nicht abgespalten**. Weil sich der Kern in der Metaphase auflöst, gelangen die Proteine wieder ins Cytoplasma → noch angehängte NLS ermöglicht **Re-Import** nach Wiederbildung der Kernhülle.

NLS-Rezeptoren
- **erkennen** NLS zu importierender Proteine
- **Importin** α = **Rezeptor** (bindet an NLS)
- **Importin** β = **Transporter** (bindet an Proteine der Kernpore)

RNA-Export aus dem Zellkern

- **mRNA** assoziiert mit **RNA-bindenden Proteinen** zu **Ribonucleopartikeln (RNPs)** → werden **linearisiert** durch Pore geschleust
- **rRNA**: Export **ribosomaler Untereinheiten** als **globuläre Makromoleküle**

Kernexportsignal (NES, nucleäres Exportsignal)
- **Signalsequenz** der an RNA gebundenen, zu exportierenden Proteine (**hnRNP-Proteine**, heterogene nucleäre Ribonucleoproteine)

RNA-Exportsignale
- **Poly(A)-Schwanz** (bis zu 200 Adenylreste) am 3'-Ende
- monomethylierte **Cap-Struktur** am 5'-Ende

10.2 Das Endoplasmatische Reticulum

Das Endoplasmatische Reticulum stellt Membranen her und erfüllt auch viele andere Biosynthesefunktionen

gelernt (Campbell S. 140)

 Endoplasmatisches Reticulum (ER) (s. Abb. 10.1)
- kommunizierendes **Membransystem** aus flachen **Membranvesikeln** und **tubulären Membranen**
- Innenraum: **Lumen**

> - Röhren und Säckchen erweitern sich zu **Zisternen**
> - in allen **eukaryotischen Zellen**   **!**

	raues ER	glattes ER
Charakterisierung	– auf Cytosolseite mit **Ribosomen** besetzt – bildet Netz aus Stapeln **abgeflachter Zisternen**	– **ohne** Ribosomen – v. a. aus **verzweigten Röhren**, verbunden mit rauem ER
Vorkommen	besonders ausgeprägt in **sekretorischen Zellen**	besonders ausgeprägt in auf **Lipidsynthese** spezialisierten Zellen
Aufgaben	Synthese von **Membran-, Export-** und **Lysosomenproteinen**	v. a. Lipidsynthese: **Membran-** und **Reservelipide**, **lipophile Verbindungen** wie Steroidhormone

Übergangs-ER
- teils **glatte**, teils **raue** Bereiche
- hier Abschnürung der **Transportvesikel** mit Proteinen und Lipiden für Golgi-Apparat

Sarkoplasmatisches Reticulum
- **ausgeprägtes glattes ER** von **Skelettmuskelzellen**
- verantwortlich für erhöhte **Speicherkapazität für Ca^{2+}-Ionen**
- von entscheidender Bedeutung für **Muskelkontraktion** und **-relaxation**

10.2.1 Translokation der Proteine in das ER

Anhand von Abbildung 17.21 in Campbells Biologie können Sie sich den Ablauf der Proteintranslokation vor Augen führen. (Campbell S. 376) gelernt ☐

- **Synthese** der meisten Membran- und Exportproteine an **membrangebundenen Ribosomen** des ER
- **Proteinimport** ins ER erfolgt **co-translational** (während der Synthese)

An **freien Ribosomen** im Cytosol synthetisierte Proteine werden hingegen erst nach der Synthese (**post-translational**) an Zielort transportiert.

Signalpeptid (Transit-Sequenz, Start-Transfer-Signal)
- **Signalsequenz** aus Aminosäuren
- verantwortlich für den **co-translationalen Transport** der **wachsenden Polypeptidkette** in das ER

- wird bei **wasserlöslichen Proteinen** nach Transport durch **Signalpeptidase abgespalten**
- übernimmt die **Verankerung** in der Membran bei **Transmembranproteinen**

Signalpeptide dirigieren bei Eukaryoten bestimmte Polypeptide zu ihren Bestimmungsorten in der Zelle

☐ *gelernt (Campbell S. 375)*

Signalerkennungspartikel (SRP, *signal-recognition particle*)
- **RNA-Protein-Komplex**
- beteiligt am **co-translationalen Proteinimport** in das ER
- bindet an **Signalpeptid** der wachsenden Peptidkette
- dirigiert Komplex aus Polypeptidkette, mRNA und Ribosom zum **SRP-Rezeptor** an der ER-Membran → Bindung an SRP-Rezeptor
- **Freisetzung** durch Hydrolyse von **GTP**

SRP-Rezeptor (*docking protein*)
- **integrales Membranprotein** aus **2 Untereinheiten** (α und β)
- Teil des **Translokationsapparats** in der ER-Membran
- mit **Bindungsstelle** für **SRP** und **GDP/GTP**

Translokationsapparat in der ER-Membran
- ermöglicht **Anheftung der Polypeptidkette** und ihren **Transport** durch die Doppelmembran (bildet **Pore**)
- enthält 3 wichtige Komponenten: **Sec61-Komplex**, **TRAM** (*translocation-chain-associated-membrane protein*), **SRP-Rezeptor**

Orientierung der Transmembranproteine beim Einbau
- abhängig vom **Translokationsmechanismus**
- entscheidend: **Signalsequenzen** (z. B. Start-Transfer-Peptid, Stop-Transfer-Peptid)

ER-ständige Proteine
- verbleiben im ER (kein Weitertransport)
- besitzen **ER-Rückführungssignal**
- z. B. **Bindeprotein (BiP)**

10.2.2 Proteinmodifikationen im ER

- die meisten vom ER weg transportierten (**sekretorischen**) Proteine sind **Glykoproteine**
- **Glykoproteine** sind widerstandsfähiger gegen Abbau durch **Proteasen**

Proteinprozessierung im ER
a) N-Glykosylierung (Asparagin-gekoppelte Glykosylierung)
- **co-translationale** Übertragung eines **Oligosaccharidkomplexes** im ER-Lumen auf eine wachsende Polypeptidkette

- erfolgt von **Dolichol** auf die **NH$_2$-Gruppe** einer **Asparagin-Seitenkette** (innerhalb der Erkennungssequenz Asp-X-Ser)
- katalysierendes Enzym: **Oligosaccharyl-Transferase**
- *en bloc* übertragener Oligosaccharidkomplex (14 Zuckerreste) wird später modifiziert (**Trimming**)
- bei allen **Eukaryoten**, nicht bei Prokaryoten

b) Anhängen des GPI-Ankers
  - **GPI = Glykosylphosphatidylinositol**
  - **kovalente** Verknüpfung des **carboxyterminalen Endes** eines fertigen **Membranproteins** mit dem **Zuckeranteil** eines **Glykolipids**

c) Bildung von Disulfidbrücken
  - **kovalente** Verknüpfung zweier benachbarter **SH-Gruppen** der Cystein-Seitenkette

Trimming
- **Modifikation** des übertragenen **Oligosaccharidkomplexes** im ER
- Entfernen von **3 Glucoseresten** durch **Glucosidase I** und **II**
- Entfernen von **1 Mannoserest** durch **ER-Mannosidase**

10.2.3 Lipidsynthese am ER
- erfolgt an Membranen des **glatten ER** von Tier- und Pilzzellen (bei Pflanzen zudem in Plastiden)
- **Membranlipide** (Phospholipide, Cholesterin), **Reservelipide** (Triacylglycerin), **Steroide**

Phospholipidsynthese
- v. a. an **Cytosolseite** des ER
- **Enzyme** in **ER-Membran** lokalisiert
- **Phospholipid-Translokatoren** (Flippasen): bringen Lipide auf luminale Seite

10.3 Der Golgi-Apparat

Golgi-Apparat (Golgi-Komplex)   **!**
- geschlossenes System aus **abgeflachten, membranumhüllten Zisternen** → angeordnet zu einem **Stapel**
- 4 Subkompartimente:
  - **Cis-Golgi-Bereich**
  - **medialer Golgi-Bereich**
  - **Trans-Golgi-Bereich**
  - **Trans-Golgi-Netzwerk (TGN)**
- Aufgaben:
  - **Modifizieren**, **Sortieren** und **Verpacken** der Proteine und Lipide für die **Sekretion** oder den **Transport** zu anderen Organellen
  - **Oligo-** und **Polysaccharidsynthese**, **Glykosylierung** von Proteinen

Der Golgi-Apparat stellt viele Zellprodukte fertig, sortiert sie und liefert sie an ihren Bestimmungsort

☐ (Campbell S. 141) gelernt

Dictyosom
- **Golgi-Stapel**, bestehend aus 4–30 Membranzisternen
- Anzahl **zelltypspezifisch**

ERGIC
- = *endoplasmic reticulum-Golgi intermediate compartment*
- auch **VTCs** (*vesicular tubular clusters*)
- Kompartiment zwischen **ER** und **Golgi-Apparat**

10.3.1 Transportwege in der Zelle im Überblick (Abb. 10.3)
- an **freien Ribosomen** im Cytosol synthetisierte **Proteine** → Transport über **Signalpeptide** und **Translokation** in **Zellkern**, **Plastiden** und **Mitochondrien**
- am **rauen ER** synthetisierte **Proteine** → Transport über **Golgi-Apparat** ins **TGN** → **Sortierung** und **Weitertransport** → **Exocytose** über konstitutiven oder regulierten Vesikeltransport
- **Endocytose** → Transport des aufgenommenen Materials in **Endosomen** und **Lysosomen** (hier Verdauung)

10.3.2 Transportprozesse zwischen ER und Golgi-Apparat
- **Proteintransport** aus ER erfolgt erst nach **korrekter Faltung** und kompletter Zusammensetzung (ansonsten Abbau)
- **sekretorische Proteine**: wandern unter **Energieverbrauch** gerichtet in **Vesikeln** vom ER zum Golgi-Apparat
- **Membranproteine** und **lysosomale Proteine**: wandern bis zum **TGN**

Transportvesikel
- abgeschnürte **Membranbläschen**
- dienen **gerichtetem Transport** von **Proteinen** und **Lipiden** zwischen **ER** und **Golgi-Apparat, Lysosomen, Endosomen** und **Cytoplasmamembran**

 Mitochondrien, Plastiden und Peroxisomen haben ein anderes Transportsystem für Lipide: **Phospholipid-Austauschproteine** → lösen Lipid aus Membran heraus und geben es an einer anderen wieder ab.

Rückhalte- und Rückführungssignale
- sorgen dafür, dass **ER-** und **Golgi-ständige Proteine** in ihrem Kompartiment **verbleiben** bzw. dorthin **zurück gelangen**
- z. B. **KDEL** aus 4 Aminosäuren bei ER-ständigen Proteinen → wird von membranständigen **KDEL-Rezeptoren** erkannt

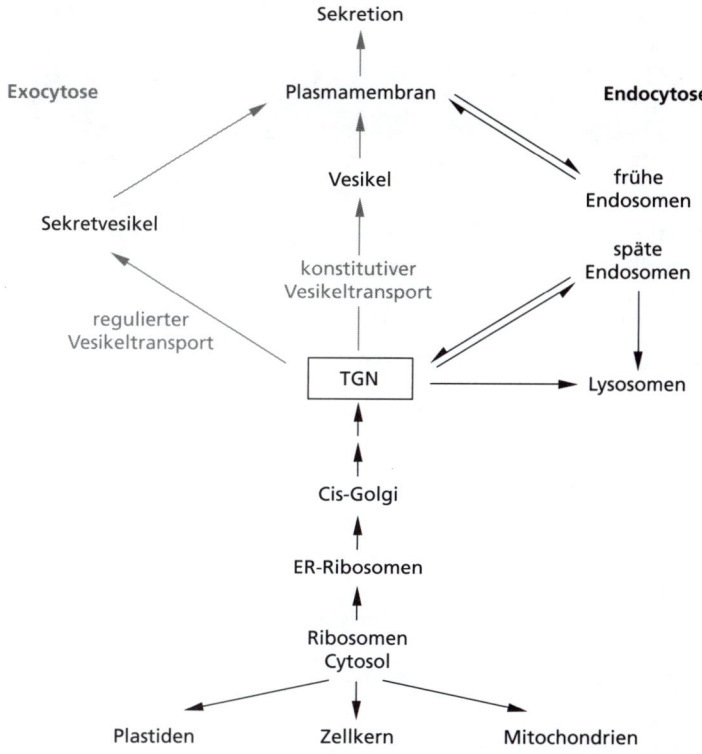

Abb. 10.3: Transportwege in der Zelle (TGN = Trans-Golgi-Netzwerk).

10.3.3 Processing-Reaktionen im Golgi-Apparat

Protein- und Lipidprozessierung im Golgi-Apparat im Überblick
- Fortsetzung der **N-Glykosyklierung**, weitere **Prozessierung** der **N-Asparagin-gekoppelten Oligosaccharidkomplexe**
- **Phosphorylierung** der Oligosaccharide auf lysosomalen Proteinen
- **O-Glykosylierung**
- **Glykosylierung** der **Proteoglykane** und Anhängen von **Sulfatgruppen**
- **Glykosylierung** von **Lipiden**

Unterscheidung der Oligosaccharid-Seitenketten
- **mannosereiche**: enthalten typischerweise **2–6 Mannosereste**
- **komplexe**: enthalten neben Mannoseresten noch **andere Zuckerreste** (werden im Golgi-Apparat angefügt)
- Ablauf der **Prozessierungsreaktionen** im Golgi-Apparat in fester Reihenfolge

Glykosylierung der Proteine (bzw. Prozessierung der Oligosaccharidkette) im Golgi-Apparat

Kompartiment bzw. Subkompartiment	Reaktionen	Enzyme
Cis-Golgi-Netz	– Entfernen von 3 Mannoseresten	– Golgi-Mannosidase I
medialer Golgi-Bereich	– Anfügen von N-Acetylglucosamin – Entfernen von 2 Mannoseresten	– N-Acetylglucosamin-Transferase – Golgi-Mannosidase II
Trans-Golgi-Bereich	– Anfügen von Galactose	– Galactosyl-Transferase
TGN	– Anfügen von Sialinsäure (N-Acetylneuraminsäure)	– Sialyl-Transferase

O-Glykosylierung
- weitere **Proteinmodifikation** im Golgi-Apparat → sukzessive Übertragung von **Zuckerresten**
- von Zuckernucleotiden auf die **Hydroxylgruppen** von Serin-, Threonin- oder Hydroxylysin-Seitenketten
- katalysierende Enzyme: verschiedene **Glykosyltransferasen**

Proteoglykane
- am stärksten **glykosylierte Proteine**
- werden im **Golgi-Apparat** glykosyliert
- erhalten stark **negative Ladung** durch Anhängung von **Sulfatgruppen**

10.3.4 Vesikelknospung, Proteintargeting und Fusion

Sortieren der Proteine
- erfolgt im Anschluss an Proteinmodifikationen im **TGN**
- **Verteilung** auf **Transportvesikel**

Vesikelknospung
- Entstehung der Transportvesikel durch **Abschnürung**
- Bildung einer **Proteinhülle** um den knospenden Membranbereich (→ *coated vesicles*)

Proteinhüllen bei der Vesikelknospung
- **COPII** (Golgi → ER), **COPI** (ER → Golgi) (COP = *coat protein*): bei Transport zwischen **ER** und **Golgi-Apparat**, **innerhalb** des Golgi-Apparats und zwischen **Golgi-Apparat** und **Endosomen**
- **Clathrin** (→ Clathrin-umhüllte Vesikel): bei Transport **lysosomaler Enzyme** zwischen **TGN** und **Endosomen** und **rezeptorvermittelter Endocytose**
- müssen vor Verschmelzung mit Zielmembran entfernt werden

Proteintargeting

- **Zielsteuerung** der Proteine
- **Oberflächenmarker** und **Sortierung** ermöglichen **zielgerichteten Transport**
- Erkennung der Marker durch **Rezeptoren** auf Zielmembran
- zusätzliche Kontrolle des gerichteten Transports durch **rab-Proteine** (G-Proteine)

SNAREs (SNAP-Rezeptoren)

- **SNAP** = *soluble NSF attachment proteins*
- **Rezeptoren** an der **Zielmembran** für das „Andocken" der Transportvesikel und die Membranfusion
- **v-SNAREs**: Markerproteine auf der **Vesikeloberfläche**
- **t-SNAREs**: komplementäre Proteine auf der **Zielmembran**

Membranfusion

- erfolgt nach **Anheftung** der Transportvesikel an Zielmembran
- **SNARE-Hypothese**: Bildung eines **Fusionskomplex** durch weitere Proteine:
  - **NSF**: N-Ethylmaleimid-sensitives **Fusionsprotein**
  - **SNAP** (s. o.): lösliches **Anheftungsprotein** für NSF
- **Fusion** des Vesikels mit Zielmembran durch **ATP-Hydrolyse**
- **Vesikelinhalt** gelangt ins **Zielkompartiment**
- **Vesikelmembran** wird in **Zielmembran** eingebaut

10.3.5 Exocytose und Endocytose

Makromoleküle passieren die Plasmamembran durch Exocytose und Endocytose

(Campbell S. 177) gelernt ☐

Exocytose (s. Abb. 10.3)

- **Abgabe** des Inhalts von **Transportvesikeln** aus der Zelle
- durch **Verschmelzen** der **Vesikelmembran** mit der **Cytoplasmamembran**
- analog zu Endocytose

!

Formen der Exocytose

konstitutive Exocytose	regulierte Exocytose
ständiger Transport von **Membranmaterial** (Proteinen, Lipiden) in die Cytoplasmamembran bzw. von **Sekretproteinen** (löslichen Proteinen) nach außen	– **signalabhängiger** Transport nach außen → z. B. bestimmte **Hormone**, **Verdauungsenzyme** oder **Schleim** – stimuliert durch extrazelluläres Signal
in **allen** eukaryotischen Zellen	nur in spezialisierten **sekretorischen** Zellen

Endocytose (s. Abb. 10.3)

- Aufnahme von **Flüssigkeit**, großen und kleineren **Molekülen** in eine **eukaryotische** Zelle (**nicht** bei Prokaryoten)
- durch **Einstülpung** der **Cytoplasmamembran** unter Abschnürung eines **Endocytosevesikels** (**Endosom**)
- einfache Endocytose bei Protozoen (**unspezifische Nahrungsaufnahme**)
- **rezeptorvermittelte Endocytose** bei höheren Organismen (andere Funktionen, s. u.)

Formen der Endocytose

Pinocytose	Phagocytose
Aufnahme von **Flüssigkeiten** und **gelösten Substanzen** in kleinen Vesikeln (< 150 nm)	Aufnahme von **größeren Partikeln** (Mikroorganismen, Zellfragmente) in großen Vesikeln (**Phagosomen**, > 250 nm)
in den meisten eukaryotischen Zellen, bei Protozoen zur Nahrungsaufnahme	nur in spezialisierten **phagocytierenden** Zellen

Phagocyten
- auf **Phagocytose** spezialisierte Zellen, z. B. **Makrophagen**
- mit zahlreichen speziellen **Rezeptoren** auf der Oberfläche
- nehmen **körpereigene** und **körperfremde** Zellen, Mikroorganismen oder Moleküle auf
- Aufgaben:
  - **Eliminierung** von **Krankheitserregern** → Infektionsschutz
  - **Beseitigung** von **alten** oder **beschädigten Zellen** und Zelltrümmern

Funktionen der rezeptorvermittelten Endocytose
- **Abbau** von **körpereigenen** Zellen oder extrazellulären Molekülen
- **Eliminierung** von **körperfremden** Zellen
- **Aufnahme** spezifischer Verbindungen zur **Weiterverarbeitung** oder **Deponie**
- Transport von Molekülen durch Epithel- und Endothelzellen (**Transcytose**)

rezeptorvermittelte Endocytose durch Clathrin-umhüllte Vesikel
- *coated pits*: spezialisierte Bereiche der **Cytoplasmamembran** → hier beginnt die Endocytose
- an der **Cytoplasmaseite** bilden **Clathrinmoleküle** ein korbähnliches **Netzwerk**
- **Clathrin**: **Proteinkomplex** (Molekularmasse 191 kDa) mit dreiarmiger Struktur (**Triskelion**)

- **Dynamin**: Protein mit GTPase-Aktivität; vermittelt Knospung zu **Clathrin-umhülltem Vesikel** (*coated vesicle*)
- **Adaptin**: Hüllprotein; bindet Hülle an Vesikelmembran, wählt Moleküle für Transport aus
- **Transportsignale** der Moleküle werden von **Rezeptoren** in der Membran erkannt
- nach **Abschnüren** der Vesikel **Ablösung** der **Hüllproteine**
- **Fusion** der **nackten Vesikel** mit **Endosomenmembran**

Clathrin-umhüllte Vesikel bilden sich auch bei exocytotischen Vorgängen am **Golgi-Apparat**.

Beispiele für rezeptorvermittelte Endocytosen

a) LDL-Rezeptor
- Rezeptor in **Cytoplasmamembran** vieler Zellen
- verantwortlich für **Cholesterinaufnahme** aus dem Blut
- bindet **LDL** (***Low-Density-Lipoprotein***): Transportform von Cholesterin (**Cholesterin-Protein-Komplex**)
- mit **5 Domänen**: LDL-Bindedomäne, EGF-homologe Domäne (EGF = *epidermal growth factor*), glykolysierte Domäne, hydrophobe Transmembrandomäne, cytoploasmatische Domäne

b) Transferrin-Rezeptor
- ermöglicht Aufnahme von **Eisen** (**Fe3⁺**) in Zellen (Endosomen)
- bindet an **Transferrin** (**Eisentransportprotein**)
- kommt gehäuft in *coated pits* vor

LDL (*Low-Density-Lipoprotein*)
- Partikel von **22 nm** Durchmesser
- unpolares Zentrum: ca. 1500 **Cholesterinester**
- umgeben von ca. 500 Molekülen **Cholesterin** und 800 Molekülen **Phospholipid**, assoziiert mit **Apolipoprotein B-100**

---

familiäre Hypercholesterinämie
- Erbkrankheit → **erhöhter Cholesterinspiegel** im Blutplasma
- Ursache: verschiedene **Mutationen** des **LDL-Rezeptors**
- Cholesterin kann **nicht** in Zellen aufgenommen werden → Risiko für **Arteriosklerose**

Die **rezeptorvermittelte Endocytose** machen sich auch viele **Viren** zunutze:
- **Influenza-A-** und **B-Viren** gelangen über Bindung an **N-Acetylneuraminsäure** in Wirtszelle
- der Aids-Erreger **HIV** bindet an das humane **CD4-Molekül**

Endosomen
- Kompartiment aus untereinander verbundenen **Membranröhren** und **Vesikeln**
- Aufgabe: **Sortieren** des **endocytierten Materials**
- **frühe Endosomen**: direkt unterhalb der Cytoplasmamembran
- **späte Endosomen**: in Kernnähe
- die meisten **Rezeptoren** werden wieder rezyklisiert

Transcytose
- **rezeptorabhängiger Transport** von **extrazellulären Molekülen** in Vesikeln **durch eine Zelle** hindurch
- in allen **polar** strukturierten Zellen, z. B. **Epithelzellen**
- z. B. **polymerer Immunglobulin-Rezeptor** (pIgR)

10.4 Microbodies: Peroxisomen, Glyoxisomen, Glykosomen

Microbodies (Cytosomen)
- **vesikuläre Kompartimente**
- entstehen durch **Vesikulation** bereits vorhandener **Microbodies**
- Sammelbegriff für **Peroxisomen**, **Glyoxisomen** und **Glykosomen**

Peroxisomen
- in nahezu **allen eukaryotischen** Zellen vorkommende **Microbodies**
- enthalten **flavinhaltige Oxidasen** → Oxidationsreaktion von O_2 zu H_2O_2
- enthalten **Katalase** → Katalasereaktion: **Abbau von H_2O_2** zu O_2 zu H_2O
- **Proteine** werden aus **Cytoplasma** importiert
- Aufgaben in **tierischen** Zellen:
  - **β-Oxidation**: Abbau langkettiger Fettsäuren (bis C_8-Säuren)
  - **Entgiftungsreaktionen** (in Leber und Nieren)
- Aufgaben in **pflanzlichen** Zellen:
  - ausschließlicher Ort der **β-Oxidation**
  - bei **C_3-Pflanzen** neben Chloroplasten und Mitochondrien an der **Photorespiration** beteiligt

 Wasserstoffperoxid (H_2O_2) ist durch die **Radikalbildung** für Zellen schädlich → kann Membranlipide zerstören, Proteine und Nucleinsäuren angreifen. Die **Peroxisomen** bilden einen abgeschlossenen Raum für Reaktionen mit H_2O_2 und bauen es auch wieder ab.

Peroxisomen bauen in vielfältigen Stoffwechselfunktionen H_2O_2 auf und ab

☐ *gelernt (Campbell S. 147)*

Glyoxisomen

- in **keimenden fetthaltigen Samen** vorkommende Microbodies
- enthalten die **Enzyme der β-Oxidation** und des **Glyoxylatzyklus** →
  Umwandlung der **Fettsäuren** aus Samenlipiden zu **Zuckern**

Glykosomen

- Microbodies von **Trypanosomen**, während sie als **Blutparasiten** in Wirbel-
  tieren leben
- enthalten in hohen Konzentrationen **Glykolyse-Enzyme**
- bisher noch **keine Oxidasen** nachgewiesen

10.5 Die Lysosomen

Lysosomen verdauen Makromoleküle

(Campbell S. 143) gelernt ☐

Lysosomen **!**

- kugelförmige **vesikuläre Zellkompartimente**
- **saures** Milieu (pH 3,8–4,8) → wird aufrechterhalten durch **ATP-getrie-
  bene Protonenpumpe**
- enthalten zahlreiche **lytische Enzyme (Hydrolasen)** mit **pH-Optimum**
  im **sauren** Bereich (Proteasen, Nucleasen, Glykosidasen, Lipasen, Phos-
  pholipasen, Phosphatasen, Sulfatasen)
- Aufgabe: **intrazelluläre Verdauung** von Partikeln, Makromolekülen,
  Organellen
- je nach abzubauenden Substanzen **unterschiedliche enzymatische
  Abbauwege**

Abbau von Makromolekülen

- aufgenommen durch **Endocytose** oder **Phagocytose**
- Verschmelzung der **Endocytosevesikel** untereinander und mit **frühen
  Endosomen**
- Rückführung einiger Moleküle in **Cytoplasmamembran**, andere zu **späten
  Endosomen** transportiert
- Verschmelzung von **Transportvesikeln** (enthalten Hydrolasen) mit **späten
  Endosomen** → Beginn des **hydrolytischen Abbaus**
- vollständiger Abbau in **sekundären Lysosomen**
- **Phagosomen**: Endosomen bei Phagocytose

Autophagie

- Abbau zellulärer Bestandteile: **zelleigener** veralteter oder defekter **Orga-
  nellen** oder anderer **Zellbestandteile** durch das **lysosomale Kompartiment**

- **Autophagosomen**: spezielle Lysosomen, die Zellbestandteile abbauen
  → verschmelzen mit **Transportvesikeln**
- **Residualkörper**: unverdauliche Reste des lysosomalen Abbaus

Abbau von Proteinen aus dem Cytosol
- ausgestattet mit **Erkennungssequenz** (KFERQ)
- gelangen dadurch zum Abbau direkt in Lysosomen

Mannose-6-phosphat (Man-6-P)
- Bestandteil des Oligosaccharidanteils **lysosomaler Proteine**, die im **rauen ER** gebildet und **glykosyliert** werden
- dient als **Sortierungssignal** für **lysosomale Proteine** → zur Verpackung in **Transportvesikel**
- im **Cis-Golgi-Bereich** Anhängung einer **Phosphatgruppe** von **N-Acetylglucosamin** auf endständige **Mannose**

---

 lysosomale Speicherkrankheiten
- Erbkrankheiten durch **genetische Defekte** der **lysosomalen Enzyme**
- Substrate werden **nicht vollständig** abgebaut
- **Zellschäden** durch Anhäufung von **Residualkörpern**

10.6 Vakuolen

- charakteristische Kompartimente der meisten **Pflanzen-** und **Pilzzellen**
- entstehen durch **Verschmelzung** mehrerer kleiner **Vesikel** (zu einer bzw. mehreren großer Vakuolen)
- einschichtige Vakuolenmembran: **Tonoplast**
- Aufgaben:
  - **intrazelluläre Verdauung** von Makromolekülen durch **hydrolysierende Enzyme** (entsprechend Lysosomen in Tierzellen)
  - **Speicherung** von Nährstoffen, z. B. Proteinen
  - **Deponie** von schädlichen Stoffwechselprodukten
  - **Regulation des Turgors**: Aufbau eines **Zellinnendrucks** durch Wasseraufnahme (Osmose) → Festigkeit des Gewebes

---

Vakuolen können bis zu **90 %** des Zellvolumens ausmachen.

Vakuolen erfüllen im Haushalt der Zelle vielfältige Funktionen

☐ *gelernt (Campbell S. 144)*

10.7 Mitochondrien

- von **2 Membranen** umgebene Organellen fast **aller eukaryotischen** Zellen
- enthalten eigene DNA (**mt-DNA**) → betreiben **eigene Proteinbio-synthese**
- Vermehrung durch **Zweiteilung**
- 2 Subkompartimente: **Intermembranraum** (zwischen Membranen) und **Matrixraum**
- Aufgabe: **biochemische Kraftwerke**

Mitochondrien und Chloroplasten sind die hauptsächlichen Energiewandler der Zellen

(Campbell S. 146) gelernt ☐

Eine **Leberzelle** enthält im Schnitt ca. 2000 Mitochondrien.

mitochondriale Membranen

a) *Außenmembran (äußere Mitochondrienmembran)*
- **nicht** gefaltet
- enthält **Enzyme** der mitochondrialen **Lipidsynthese**
- enthält **Porine** (kanalbildende Proteine)

b) *Innenmembran (innere Mitochondrienmembran)*
- mit vielen Faltungen und Einstülpungen: **Cristae**
- darin lokalisiert: Komponenten der **Atmungskette** und **ATP-Synthase**
- dient als **Diffusionsbarriere**
- enthält **Transportproteine**

Mitochondrienmatrix
- **wässrige Lösung** mit vielen **Enzymen** und **Zwischenprodukten** von Citratzyklus und β-Oxidation
- enthält **mt-DNA**, Ribosomen, tRNAs und Enzyme für deren Expression

Endosymbiontentheorie
- **Entstehung der Mitochondrien** (und Plastiden) aus frei lebenden, fakultativ anaeroben **Prokaryoten**
- aufgenommen durch **Eukaryoten** mittels **Endocytobiose**
- Entwicklung zu **Organellen** in Coevolution mit Wirtszelle

Mitochondrien und Plastiden stammen von endosymbiontischen Bakterien ab

(Campbell S. 656) gelernt ☐

! mitochondriale Stoffwechselprozesse (Abb. 10.4)
a) Stoffwechselprozesse in der Mitochondrienmatrix
- **oxidative Decarboxylierung** von Pyruvat zu Acetyl-CoA
- **Citratzyklus**
- **β-Oxidation** der Fettsäuren
b) Stoffwechselprozesse in der inneren Mitochondrienmembran
- **oxidative Phosphorylierung** der Atmungskette (mit Aufbau eines **elektrochemischen Gradienten** durch Protonentransport)

Austausch mit dem Cytosol
- über Transportsysteme in der **inneren** und **äußeren Mitochondrienmembran**
- **Symporter**: Pyruvat-spezifischer Carrier und Protonen → Eintransport von **Pyruvat** für oxidative Carboxylierung
- **Antiporter**: ADP/ATP-Translokase, Carnitin/Acylcarnitin (Acyl-Carrier → Eintransport von **aktivierten Fettsäuren** für β-Oxidation

- **mt-DNA** codiert nur für **Proteine** der **inneren Mitochondrienmembran**
- die meisten **mitochondrialen Proteine** werden im **Zellkern** codiert und an **Ribosomen** im **Cytosol** synthetisiert

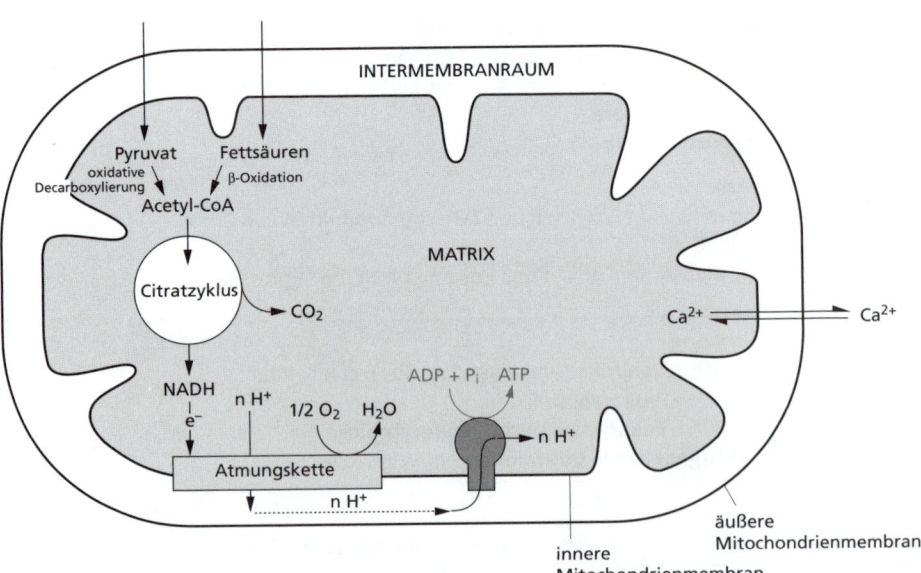

Abb. 10.4: Energiestoffwechsel in den Mitochondrien.

Proteinimport in Mitochondrien

- Transport von **Proteinen** aus Cytosol in **Intermembranraum, Innenmembran** oder **Matrixraum**
- **mitochondriales Importsignal**: Signalpeptid (20–80 Aminosäuren) → bindet an **Rezeptor** der Außenmembran
- **Chaperone** binden an **Vorläuferprotein** → verhindern spontane Faltung
- **mitochondrialer Stimulierungsfaktor** (**MSF**): von hydrophoben Vorläufermolekülen benötigtes Import-Hilfsprotein
- **Einschleusen** des Proteins in die Matrix durch **Translokasen** der äußeren und inneren Membran: **TOM** und **TIM** (*translocase of the outer* bzw. *inner mitochondrial membrane*)
- **mitochondriale Peptidase**: entfernt Signalpeptid
- Energiequellen: **ATP-Hydrolyse** und **elektrochemischer Gradient**

10.8 Chloroplasten

Plastiden !
- von **2 Membranen** umgebene Organellen von **Algen** und **höheren Pflanzen**
- **Plastidenhülle**: aus **äußerer** und **innerer Plastidenmembran**
- enthalten eigene DNA (**Plastiden-DNA**, z. B. **cp-DNA**)
- vermehren sich durch **Zweiteilung**
- undifferenzierte Vorstufe: **Proplastiden**

Plastidentypen

Typ	Farbe	Hauptaufgabe
Chromoplasten	gelb, rot oder orange	**Speicherung von Pigmenten**
Leukoplasten (z. B. Amyloplasten)	farblos	**Stärkespeicherung**
Chloroplasten	grün	**Photosynthese**

Chloroplasten !
- **linsenförmige Plastiden** photosynthetisch aktiver Pflanzenzellen
- mit **3 Membranen**: innere und **äußere Chloroplastenmembran** und **Thylakoidmembran**
- 3 Subkompartimente: **innere Matrix (Stroma)**, **Intermembranraum** und **Thylakoidraum (Lumen)**
- Aufgaben: **Photosynthese** und zahlreiche **Synthesen**
- hervorgegangen aus **endosymbiontischen** Vorfahren der **Cyanobakterien**

Siehe hierzu auch den Abschnitt „Chloroplasten" in Campbells Biologie.

☐ *gelernt (Campbell S. 146)*

Thylakoide
- geschlossene **Zisternen**, die sich aus den **Einstülpungen** der inneren **Chloroplastenmembran** bilden
- liegen **einzeln** oder in Form von **Stapeln (Grana)** vor
- **Thylakoidmembranen**: enthalten die **Enzyme der Photosynthese**

- **cp-DNA**: codiert für Proteine der **Thylakoidmembran**
- die meisten **Chloroplastenproteine** sind **kerncodiert** (z. B. Proteine der Photosynthese, ATP-Synthase)

Proteinimport in Chloroplasten
- Transport von Proteinen aus **Cytosol** in **Chloroplasten**
- 1. Schritt: Transport ins **Stroma** durch äußere und innere Chloroplastenmembran → erfordert **Chloroplasten-Signalpeptid** (wird danach abgespalten)
- 2.Schritt: bei manchen Proteinen Weitertransport in **Thylakoidmembran** oder **Lumen** → mittels **Thylakoid-Signalpeptid**
- Einschleusen durch **Translokase** der äußeren Membran (**TOC**, *translocase of the outer chloroplast membrane*; über innere noch wenig bekannt)
- Energiequellen: **ATP-Hydrolyse** – **kein** Membranpotential

Syntheseprozesse in den Chloroplasten
- **Photosynthese** (in Thylakoiden) einschließlich **CO_2-Fixierung**
- **Stärkesynthese**
- **Nitrat-Assimilation** (Nitrat → Nitrit im Cytoplasma, Nitrit → NH_4^+ in Chloroplasten)
- **Biosynthesen** von Fettsäuren, einigen Aminosäuren, Lipiden

11. Cytoskelett

Das Cytoskelett dient als Stützstruktur und wirkt an den Bewegungen der Zelle mit

(Campbell S. 148) gelernt ☐

Cytoskelett (Zellskelett)
- Netzwerk aus **Filamenten** in eukaryotischen Zellen
- Aufgaben:
  - **Strukturerhalt** der Zelle, Verankerung von Organellen
  - **Bewegung** ganzer Zellen
  - **intrazellulärer Transport**
  - **Cytokinese**

Prokaryoten besitzen nach neueren Forschungen ebenfalls mehrere Formen von **Cytoskelettelementen**, z. B. FtsZ-Proteine.

Elemente des Cytoskeletts und ihre Funktionen im Überblick

	Mikrotubuli	Mikrofilamente	intermediäre Filamente
Bau	tubulär, mit Wand aus 13 Protofilamenten	2 umeinander geschlungene Fäden aus Monomeren	seilartig parallel spiralisiert angeordnete, faserartige Proteine
Zusammensetzung	Tubuline (α, β)	Actin	zelltypspezifische Faserproteine
wichtigste Funktionen	– Zellbewegungen durch Cilien und Flagellen – Chromosomenwanderung, Organellenbewegungen – Strukturerhalt	– Muskelkontraktion – amöboide Bewegungen – Cytokinese – Strukturerhalt – Bau der Haftstrukturen	– Strukturerhalt – Verankerung der Organellen – Bau der Haftstrukturen

Eine übersichtliche Darstellung der Elemente des Cytoskeletts und ihrer Eigenschaften bietet auch Tabelle 7.2 in Campbells Biologie.

(Campbell S. 150) gelernt ☐

Darstellung des Cytoskeletts
- Ultradünnschnitte im **TEM**
- räumliche Verteilung von Mikrotubuli und Intermediärfilamenten im **Lichtmikroskop** nach **Immunmarkierung**
- Mikrofilamente im **Lichtmikroskop** mittels **Phalloidin** in UV-Licht

Durchmesser der Cytoskelettelemente

Mikrotubuli	Mikrofilamente	intermediäre Filamente
ca. 25 nm (Hohlraum 15 nm)	5–8 nm	8–12 nm

11.1 Mikrotubuli

- Vorkommen: **Cytoplasma**, **Spindelapparate**, **Cilien** und **Flagellen**, **Basalkörper** und **Centriolen**

Siehe hierzu den Abschnitt „Mikrotubuli" in Campbells Biologie.

☐ *gelernt (Campbell S. 149)*

Alle **eukaryotischen Zellen** besitzen Mikrotubuli – außer den **roten Blutkörperchen** von Säugetieren.

Tubulin
- Grundbaustein der **Mikrotubuli**
- bei Eukaryoten mindestens **3 Tubulingene** für α-, β- und γ-**Tubulin**
- γ-**Tubulin**: erforderlich für **Initiation** der **Polymerisation** der anderen Tubuline zu den Mikrotubuli
- **Tubulingene** bilden eine **Genfamilie** → mehrere Gene für verschiedene **Isotypen** des Tubulins (mit γ = **Überfamilie**)

Bau der Mikrotubuli
- Röhren mit einer Wand aus **13 Protofilamenten**
- **Protofilamente** sind **polar**
- bestehen aus aneinander gelagerten **α-β-Tubulin-Dimeren (Tubulin-Heterodimeren)**
- zwischen Protofilament 1 und 13 **Nahtstelle** (*seam*)
- **A-Muster**: Protofilamente leicht gegeneinander verschoben → wie übereinander liegende Helices
- **B-Muster**: Heterodimere auf gleicher Höhe → bei unvollständigen **B-Tubuli** von Cilien und Flagellen
- **MAPs** (*microtubule-associated proteins*): Mikrotubuli **bindende Proteine**, mit denen diese in Zellen assoziiert sind

Makrotubuli

- dickere Tubuli mit größerem Durchmesser (bis **30 nm**) und bis zu **19 Protofilamenten**

Mitosegifte
- beeinflussen die **Stabilität** der Mikrotubuli
- a) *Colchicin*
  - **Colchicum-Alkaloid** aus Herbstzeitlosen (Derivat: **Colcemid**)
  - bindet an Dimere und **blockiert Polymerisation** von Tubulin
  - bei Zellteilung kann sich **kein Spindelapparat** ausbilden
  - in Cytogenetik zur Herstellung von **Chromosomenpräparaten** eingesetzt
- b) *Vinblastin und Vincristin*
  - **Vinca-Alkaloide**
  - **depolymerisieren** Mikrotubuli → hemmen Bildung des Spindelapparats → Einsatz in **Tumortherapie**
- c) *Taxol*
  - **Alkaloid** aus Eiben
  - **hemmt Depolymerisation** der Mikrotubuli → blockiert Zellzyklus → Einsatz in **Tumortherapie**

Bildung der Mikrotubuli
- **cytoplasmatische Mikrotubuli** sind sehr **dynamische Strukturen**
- entstehen an **Mikrotubuli-Organisations-Zentrum** (**MTOC**, *microtubule organizing centre*) → Ort der **Nucleation**
- **MTOC** enthält in Tierzellen oft **Centriol** → als **pericentrioläres Material** (**PCM**) oder **Centrosom** bezeichnet
- Komponenten des **MTOC**: γ-**Tubulin** und weitere **Proteine**
- (**−**)**-Ende** (α-**Untereinheit**) der Mikrotubuli ragt in die MTOCs (verhindert Depolymerisation)
- Initiation der **Polymerisation** durch Ring aus γ-**Tubulinen**
- **Verlängerung** findet am (**+**)**-Ende** statt
- Polymerisation ist **GTP-abhängig**

dynamische Instabilität der Mikrotubuli
- **Längenfluktuation** der Mikrotubuli (durch **Polymerisation** und **Depolymerisation**)
- ständiger Umbau der Mikrotubuli des **Cytoplasmas** und der **Spindelapparate**
- **Depolymerisation** vom (**+**)**-Ende**
- Mikrotubuli von **Cilien** und **Flagellen** sehr **stabil**

- **Halbwertszeit** eines **Mikrutubulus** in einer kultivierten tierischen Zelle: ca. 10 Minuten
- Zeit zwischen **Synthese** und **Proteolyse** eines **Tubulinmoleküls**: ca. 20 Stunden
- ca. 50 % des **Tubulins** in einer Zelle frei, 50 % gebunden in Mikrotubuli

Funktionen der Mikrotubuli
- **Zellform** (→ mechanische Festigkeit) und **Polarität**
- **intrazellulärer Transport** von **Organellen** und **Vesikeln** in der Zelle
- **Chromosomenwanderung** bei der Mitose und Meiose
- **Organisation** anderer Cytoskelettkomponenten
- **Mikrotubulibündel** in **Axonen** wahrscheinlich an deren Bildung beteiligt, außerdem am **axonalen Transport**
- **Zellbewegungen** durch Cilien und Flagellen

Mikrotubuli-abhängige Motorproteine
- bewirken **anterograden** und **retrograden** (vom Zellkörper weg bzw. zu ihm hin) **Transport** von **Vesikeln** mit Neurotransmitter in **Axonen**

a) *Kinesine*
  - **Superfamilie** von Proteinen mit konservierter **Motordomäne** und variabler **Schwanzregion**
  - **ATP-abhängiger** Transport von Lasten in Richtung **(+)-Ende** der Mikrotubuli → **anterograd** zu Synapsen

b) *cytoplasmatisches Dynein*
  - **cytoplasmatische Form** des Dyneins von Cilien und Flagellen
  - **ATP-abhängiger** Transport von Lasten in Richtung **(−)-Ende** der Mikrotubuli → **retrograd**
  - beteiligt an **Chromosomenwanderung**

11.1.1 Cilien und Flagellen (Abb. 11.1)

> **!**
> - von Membran umgebene **bewegliche Fortsätze** der Zelloberfläche (→ **begeißelte** Zellen)
> - viele kurze = **Cilien** (**Wimpern**), einzelne lange = **Flagellen** (**Geißeln**)
> - Aufbau identisch: bei **Eukaryoten** mit charakteristischer Anordnung im **9+2-Muster** (9×2 + 2) (Abb. 11.1A) → auch als **Axonem(a)** bezeichnet
>   - 9 kreisförmig angeordnete **Doppeltubuli**, im Zentrum **zentrales Paar**

Feinbau von Cilien und Geißeln (Abb. 11.1B)
- **Doppeltubuli** aus A- und B-Tubulus
- **A-Tubulus**: vollständiger Tubulus aus **13 Protofilamenten**
- **B-Tubulus**: unvollständiger Tubulus aus **10 Protofilamenten** und 1 Filament aus **Tektinen**
- **Nexin**: Protein, das benachbarte Doppeltubuli **verknüpft**
- **A-Tubuli** mit nach innen gerichteten Fortsätzen (**radiale Speichen**) und 2 großen Fortsätzen (**Dyneinarme**)
- **Dyneinarme**: enthalten **Motorprotein Dynein** → bewirken, dass benachbarte Doppeltubuli aneinander **vorbeigleiten** (→ Bewegung der Cilien/Flagellen)
- **zentrales Paar**: 2 **vollständige**, miteinander verbundene Mikrotubuli, umgeben von **zentraler Hülle**

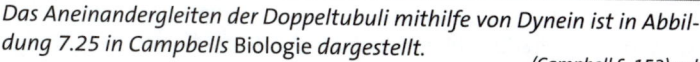

*Das Aneinandergleiten der Doppeltubuli mithilfe von Dynein ist in Abbil-
dung 7.25 in Campbells* Biologie *dargestellt.*

(Campbell S. 153) gelernt ☐

Cilienschlag

- **effektiver Schlag** (**Kraftschlag**): führt zu Bewegung der Zelle entgegen der Schlagrichtung
- **Erholungsschlag**: stellt Ausgangssituation wieder her
- **metachroner Cilienschlag**: zeitlich versetztes Schlagen benachbarter Cilien → ergibt wellenartige Bewegung

Kartagener-Syndrom

- seltener **Gendefekt** des Menschen
- den Mikrotubuli der Cilien und Flagellen **fehlen** die **Dyneinarme** → keine Gleitbewegung
- Folgen: **Sterilität** (funktionsunfähige Spermienflagellen), **Bronchitis** und **Sinusitis** (Atemwege nicht ausreichend von Schleim befreit)

A   9 + 2-Muster

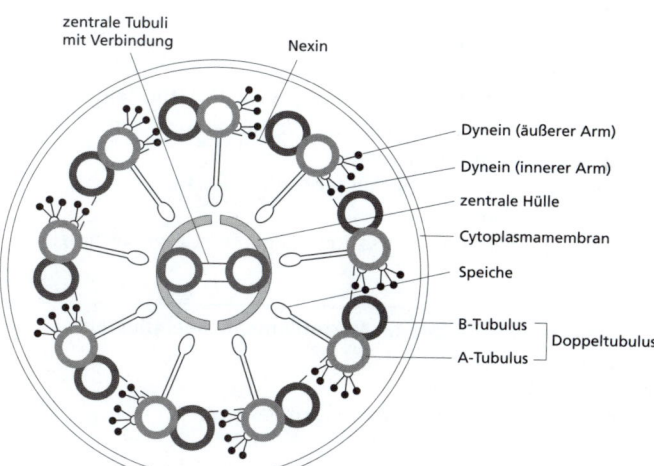

B   Doppeltubulus

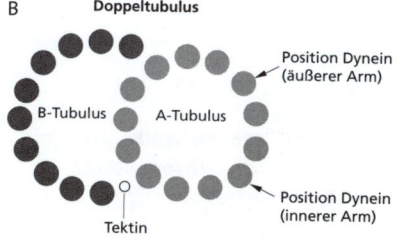

Abb. 11.1. Aufbau von Cilien und Flagellen. (A) Anordnung der Mikrotubuli im Querschnitt (9+2-Muster); (B) Bau der peripheren Doppeltubuli.

Basalkörper

- im Cytoplasma verankerte **Ansatzstelle** von Cilien und Flagellen
- **9+0-Muster** aus **Dreifachmikrotubuli**: aus **A-**, **B-** und **C-Tubulus**
- Aufbau gleicht dem der **Centriolen**
- bei manchen Organismen **Übergangzone** zwischen Basalkörper und Cilien/Flagellen

11.2 Mikrofilamente

> **Mikrofilamente (Actinfilamente, F-Actin)**
> - bestehen aus **G-Actin** (globuläres Protein) → polymerisiert unter **ATP-Verbrauch** zu F-Actin
> - **Actingene** bilden eine **Genfamilie**

Vergleiche hierzu auch den Abschnitt „Mikrofilamente (Actinfilamente)" in Campbells Biologie.

☐ *gelernt (Campbell S. 151)*

Bau der Mikrofilamente

- 2 umeinander gewundene **Actinfäden**
- Mikrofilamente sind **polar**
- **schnell** wachsendes **(+)-Ende** (hohe Einbaurate von G-Actin), **langsam** wachsendes oder schrumpfendes **(–)-Ende** (Verlust von G-Actin)
- führt zu **Nettowanderung** der Filamente
- Mikrofilamente in Zellen mit **Actin-bindenden Proteinen** assoziiert, z. B. Profilin, Spektrin, Fimbrin
  - **Funktionen**: verhindern Polymerisation, regulieren Länge, vernetzen Mikrofilamente

§ Substanzen, welche die Stabilität der Mikrofilamente beeinflussen

a) Cytochalasine
  - **Toxine** aus Schimmelpilzen
  - **verhindern** Einbau von G-Actin in Mikrofilamente

b) Phalloidin
  - **Toxin** des Knollenblätterpilzes
  - **stabilisiert** Mikrofilamente → verhindert Abbau

Mikrofilament-abhängige Motorproteine: Myosine

- existieren in 2 Formen: **Myosin I** und **Myosin II**

a) Myosin II
  - auch **konventionelles** Myosin: verantwortlich für **Muskelkontraktion**
  - aus **6 Polypeptiden**: 2 umeinander gewundenen **schwere Ketten** **(Schwanz)** mit globulären **Köpfen** (N-Terminus), daran angelagert je 2 **leichte Ketten**

- kann an 2 Stellen **proteolytisch** gespalten werden:
  - – 1. Spaltung ergibt **leichtes** und **schweres Meromyosin**
  - – 2. Spaltung von schwerem Meromyosin ergibt **S1-** und **S2-Fragment**

b) *Myosin I*
  - auch **unkonventionelles** Myosin
  - kleineres Molekül mit nur 1 Kopf

Funktionen der Mikrofilamente
- **Cytokinese** in tierischen Zellen
- Aufbau von **Mikrovilli** (Oberflächenvergrößerung resorbierender Epithelien) und **Stereocilien** (im Innenohr von Säugern)
- Aufbau von **Zellkontakten** (*adherens-junctions*)
- **Muskelkontraktion**
- **amöboide Bewegung**
- **intrazellulärer Transport**, z. B. Plastidenwanderung (Cytoplasmaströmung)

Anhand von Abbildung 7.27 in Campbells Biologie können Sie sich die verschiedenen durch Mikrofilamente bewirkten Bewegungen veranschaulichen.

(Campbell S. 154) gelernt ☐

11.3 Intermediäre Filamente

intermediäre Filamente (Intermediärfilamente, IF, 10-nm-Filamente)
- unterteilt in **5 Klassen** → kommen bevorzugt in bestimmten Zelltypen vor
- kommen nur in **tierischen** Zellen vor (außer Arthropoden)
- verlaufen oft **parallel** zu Mikrotubuli und Mikrofilamenten

Siehe hierzu den Abschnitt „Intermediärfilamente" in Campbells Biologie.

(Campbell S. 154) gelernt ☐

Klassifikationsmöglichkeit der Intermediärfilamente

Klasse	Vorkommen
Cytokeratine	Epithelzellen
Desmin	Muskel
Vimentin	mesenchymales Gewebe
Neurofilamente	Neurone
Gliafilamente	Astroglia

- z. T. ebenfalls hierzu gezählt: **Lamine** (Innenseite der Kernmembran fast aller eukaryotischen Zellen)

Bau der intermediären Filamente
- **Monomer**: **Polypeptid** mit α-helicaler **zentraler Domäne** und variablem **N-** und **C-Terminus**
- **Dimer**: aus 2 **gleichartig** orientierten **Monomeren** (umeinander gewunden → *coiled-coil*-**Domäne**)
- **Tetramer**: aus 2 **entgegengesetzt** orientierten **Dimeren**
- **Intermediärfilamente**: aus mehreren **Tetrameren**
- besitzen **keine** Polarität

einige Funktionen der intermediären Filamente
- **Strukturgebung**, v. a. bei Epithelzellen
- **Haftstrukturen**: Verankerung von **Zellkontakten** (Desmosomen, Hemides-mosomen)
- **Lamine**: Kernlamina

11.4 Amöboide Bewegung

- komplexe Fortbewegungsform **einzelner Zellen**
- bei **Schleimpilzen, Protozoen** und **Metazoenzellen**

amöboide Bewegung bei Protozoen
- unter Ausbildung von Zellfortsätzen: **Pseudopodien**
- wahrscheinlich Beteiligung von **Ektoplasma**: an **Actin** und **Myosin** reiche Schicht unter der Plasmamembran
- **Endoplasma**: zentraler Zellbereich → arm an Cytoskelettelementen
- **Kontraktion** des **Ektoplasmas** im hinteren Teil der Zelle führt zu **Verlage-rung** des **Endoplasmas** nach vorn
- **fokaler Kontakt** zu Substrat über membranständige **Integrine**

amöboide Bewegung bei kultivierten Säugerzellen
- z. B. von **Fibroblasten**
- unter Ausbildung von **Lamellipodien** (breite, flache Zellfortsätze) mit **Filipodien** (kleine schlanke Fortsätze)
- wahrscheinlich durch Anlagerung von **G-Actin** an **(+)-Enden** von **Mikro-filamenten**

12. Zelloberflächen

12.1 Oberflächenstrukturen und extrazelluläres Material

12.1.1 Zelloberflächenstrukturen

- **Mikrovilli**: actinhaltige Ausstülpungen der apikalen Zelloberfläche   **!**
  - Funktion: **Vergrößerung** von **resorbierenden** Zelloberflächen
- **basales Labyrinth**: Einstülpungen im basalen Bereich von **Epithelzellen**
- **Flagellen, Geißeln** oder **Cilien**: der Bewegung dienende Zellfortsätze
- **Filipodien, Lobopodien** und **Axopodien**: Bewegung oder Beutefang
- **Axone** und **Dendriten** von Nervenzellen

Glykokalyx
- an der **Außenfläche** von **Cytoplasmamembranen** exponierte **kohlenhydratreiche Hüllschicht**
- Bestandteile:
  - Zuckeranteil **integraler Membran-Glykoproteine** und **-lipide**
  - bzw. mit Membran assoziierte **extrazelluläre Oligosaccharide** und **Glykoproteine**
- Aufgaben: z. B. **Zell-Zell-Erkennung**, **Zellkontakte**, **Signalperzeption**, **Schutz**

12.1.2 Extrazelluläres Material

- **extrazelluläre Matrix** der Tiere (Metazoa)   **!**
- **Zellwände** der Pflanzen, Pilze, Bacteria und Archaea

extrazelluläre Matrix (EZM, Interzellularsubstanz)
- von Zellen sezernierte **Makromoleküle**
- füllt den **Extrazellulärraum** in **tierischen Geweben**
- Hauptbestandteil von **Bindegewebe** (→ Knorpel, Knochen, Sehnen)
- z. T. zusätzliche Festigkeit durch Einlagerung **anorganischer Substanzen**

- bildet **Basalmembranen (Basallaminae)** als Grenzschicht zwischen Epithel-
  zellen und Bindegewebe
- bildet **Exoskelette** wie **Schalen** oder **Zellpanzer**, **Cuticula** der Arthropoden

*Die extrazelluläre Matrix der Tiere beeinflusst Form, Beweglichkeit, Aktivität
und Entwicklung von Zellen*

☐ *gelernt (Campbell S. 155)*

 wesentliche Bestandteile der extrazellulären Matrix im Überblick
- **Kollagenfasern**
- **Proteoglykankomplexe**, z. T. mit **Hyaluronsäure**
- Verbindungsmoleküle wie **Fibronektin** und **Laminin**

Kollagen
- 3 α-**Ketten** bilden **Tripelhelix**
- mehrere Tripelhelices bilden **Kollagenfibrille** (Typ I, II, III, V)
- Fibrillen lagern sich zu **Fasern** zusammen
- **Synthese** der α-Ketten **intrazellulär** am **rauen ER**
- **Hydroxylierung** und **Glykosylierung** im ER und Golgi-Apparat
- **Export** als **Prokollagen** mit assoziierten Propeptiden über **sekretorische
  Vesikel**
- **extrazellulär** Abspaltung der **Propeptide** → Bildung von Fibrillen und
  Fasern
- **Schichten bildende** Kollagene (Typ IV)

 Bisher sind 25 verschiedene α-**Ketten** von Kollagen bekannt → bilden in
unterschiedlicher Kombination 15 verschiedene **Kollagentypen**.

häufigste Kollagentypen

Typ	Funktion	Vorkommen
Kollagen I	Faserprotein (häufigstes; → Festigung)	Haut, Knochen, Zähne, Sehnen
Kollagen II	Faserprotein	Knorpel, Notochord, Band-scheiben
Kollagen III	Faserprotein	Haut, Sehnen, Blutgefäß-wände, Uteruswand (nicht in Knochen)
Kollagen IV	bildet flaches Netzwerk (→ Festigung, Filter-funktion)	Basallaminae (z. B. in Nierenglomeruli)

Skorbut $

- **Vitamin-C-Mangelerkrankung** (Ascorbinsäure dient als Cofaktor)
- beruht auf Fehlern bei **posttranslationaler Modifikation** von **Kollagen**
- führt zu **Instabilität** von **Kollagen** und damit des **Bindegewebes**
  (→ Zahnausfall)

Proteoglykane

- bilden **Matrix**, in die **Kollagenfasern** eingebettet sind
- Molekülkomplexe aus **Polypeptiden** und Seitenketten aus **Glykosamino-glykanen** (**GAGs**) in unterschiedlicher Zusammensetzung
- Glykosaminoglykane: v. a. aus **N-Acetylglucosamin** oder **N-Acetylgalac-tosamin**
- Proteoglykankomplexe z. T. noch mit **Hyaluronsäure** assoziiert (→ über **Linker-Proteine**)
- wichtiger Bestandteil des **Knorpels**

Verbindungsmoleküle der extrazellulären Matrix

a) Fibronektin
- in EZM weit verbreitetes **Glykoprotein** (auch im **Blutplasma**)
- **Quervernetzungsprotein** mit Bindungsstellen für **Kollagen** und **Heparin**
- Funktionen: z. B. **Zelladhäsion, Blutgerinnung**, **Wundheilung**
b) Laminin
- Glykoprotein, v. a. Bestandteil von **Basallaminae**
- **Quervernetzungsprotein** mit verschiedenen Bindungsstellen z. B. für Kollagen IV

Integrine

- **integrale Membranproteine** mit Bindungsstellen für **Fibronektin** und **Laminin**
- aus α- und β-**Untereinheit**
- **verknüpfen** stabil die **EZM** mit dem **Cytoskelett**
- beteiligt am Aufbau von Haftstrukturen wie **Hemidesmosomen** und kurzfristigen **fokalen Kontakten** zum Substrat
- vermitteln schwache **Wechselwirkungen** zwischen **Zellen** sowie **Zellen** und **Matrix**

12.1.3 Zellwände

- Funktionen: **Festigkeit**, **Stabilisierung**, **Formgebung** (bei fehlendem intra-zellulärem Cytoskelett)

Zellwand der Pflanzen !
- aus **Cellulosefasern** (Polysaccharid aus D-**Glucose**)
- Zusammenlagerung der Fasern zu **Elementarfibrillen**, weiter zu **Mikro-** und **Makrofibrillen**

- Matrix aus **Pektin** und **Hemicellulose**
- zusätzlich **hydroxyprolinreiche Glykoproteine** (HPRG)
- häufig Einlagerung von **Lignin**, Auflagerung von **lipophilen Substanzen** (Cutin, Suberin, Wachse)

Pflanzenzellen sind von einer festen Zellwand umschlossen

gelernt (Campbell S. 154)

Bei **Pilzen** und manchen **Algen** besteht die Zellwand statt aus Cellulose aus **Chitin**.

Vergleich **extrazelluläre Matrix** von Tieren und **Zellwand** von Pflanzen:

extrazelluläre Matrix	Pflanzenzellwand
Kollagenfasern eingebettet in Matrix aus **Proteoglykanen**	**Cellulosefasern** eingebettet in Matrix aus **Pektin** und **Hemicellulose**
lange Fasern aus **Protein**	lange Fasern aus **Zuckern**

Zellwand der Bacteria
- **Mureinsacculus**: der Cytoplasmamembran aufgelagerte Schicht aus **Peptidoglykanen**
- **grampositive Bakterien**: dicke Peptidoglykanschicht
- **gramnegative Bakterien**: dünne Peptidoglykanschicht und **äußere Membran** (Lipiddoppelschicht)
- z. T. aufgelagerte Glykoproteinschicht (**S-layer**), **Kapseln** und **Schleime**

Zellwand der Archaea
- weniger einheitlich, z. B. aus **Pseudopeptidoglykan** (**Pseudomurein**)
- meist mit **S-layer**; auch **Kapseln** und **Schleime**

Fast alle Prokaryoten besitzen eine Zellwand außerhalb ihrer Plasmamembran

gelernt (Campbell S. 630)

12.2 Oberflächenrezeptoren und Signaltransduktion

Oberflächenrezeptoren
- **Aufnahme** von **Signalen** aus der Umwelt
- **Weiterleitung** in die Zelle zur **Verarbeitung**
- binden unterschiedliche **Signalmoleküle**

Manche **Signale** werden nicht durch membranständige Rezeptoren erkannt → passieren Membran → Bindung durch **cytosolische Rezeptoren**. Hierzu gehören z. B. **Steroidhormone**, **Thyroidhormone**, **Stickstoffmonoxid (NO)**.

Signale, Rezeptoren und Wirkorte im Überblick

Signal	Rezeptor	Wirkort und Antwort
Hormone		
– Adrenalin	– **adrenerger Rezeptor**	– Herz (Erhöhung der Schlagfrequenz) Muskel (Glykogenabbau) Fettzellen (Fettabbau)
– ACTH (adreno-corticotropes Hormon)	– **ACTH-Rezeptor**	– Nebennierenrinde (Cortisol-sekretion)
– Vasopressin	– **Vasopressin-rezeptoren** (V_1, V_2)	– glatte Muskulatur (erhöhter Blutdruck) Niere (vermehrte Wasser-resorption)
– Thrombin	– **Thrombin-rezeptor**	– Blutplättchen (Aggregation)
Neurotransmitter		
– Acetylcholin	– **Acetylcholin-rezeptor**	– Herzmuskel (Erniedrigung der Schlagfrequenz → Gegenspieler von Adrenalin)
Wachstumsfaktoren		
– EGF (*epidermal growth factor*)	– **EGF-Rezeptor**	– Epithelien und andere Gewebe (stimuliert Proliferation)
– NGF (*nerve growth factor*)	– **NGF-Rezeptor**	– Nervenzellen (ermöglicht Überleben der Zellen, stimuliert Axonwachstum)
Photonen	– **Rhodopsin**	– Photorezeptorzellen (Änderung des Membranpotenzials)

12.2.1 Rezeptortypen

Hauptgruppen von Oberflächenrezeptoren
- Rezeptoren mit **Ionenkanal**
- **G-Protein-gekoppelte** Rezeptoren
- Rezeptoren mit **enzymatischer Aktivität** (Rezeptor-Tyrosinkinasen; hierzu auch Guanylat-Cyclase)

Die meisten Signalrezeptorproteine liegen in der Plasmamembran

☐ *gelernt (Campbell S. 238)*

Rezeptoren mit Ionenkanal

- **Kanalproteine** → binden Signalmoleküle (meist **Neurotransmitter**)
- v. a. im **Muskel** (z. B. Acetylcholin-Rezeptor)und **Nervensystem**
  (z. B. Glutamat-Rezeptor, GABA-Rezeptor)
- **Umwandlung** von **Reizen** in **elektrische Signale** durch **Öffnen** bzw.
  Schließen der Ionenkanäle

G-Protein-gekoppelte-Rezeptoren

- **Transmembranproteine** mit 7 Membrandurchgängen (**7TM-Proteine**)
- viele **Hormonrezeptoren**
- Weiterleitung der Informationen über **cytosolische G-Proteine**
- nach Bindung von **Signalmolekül** → **Konformationsänderung** → Bindung
  und Aktivierung von **G-Protein** (Austausch von GDP gegen GTP) → akti-
  viertes G-Protein aktiviert **Enzym**

G-Proteine
- **GTP-bindende** Proteine
- Zwischenglied bei der **Signaltransduktion**
- bestehen aus **3 Untereinheiten** (α, β, γ)
- bilden zusammen mit **GDP** inaktiven Komplex → **Aktivierung** durch
  Bindung von **GTP**
- Rezeptor bindet an α-**Untereinheit** → Austausch GDP/GTP → Zerfall in
  aktivierte α-Unterheit und **aktiven β-γ-Komplex**
- aktivierte α-**Untereinheit** kann an **Mediatoren** binden (→ entscheidende
  Aktivität von G-Proteinen!)
- β-γ-**Komplex** kann **Durchlässigkeit** von (**K$^+$-)Ionenkanälen** beeinflussen
- bei **inhibitorischen G-Proteinen** ist β-γ-**Komplex** an der Hemmung der
  Adenylat-Cyclase beteiligt

*Anhand der Abbildungen 11.7, 11.13 und 11.15 in Campbells Biologie
können Sie sich die Funktionsweise eines G-Protein-gekoppelten Rezeptoren
veranschaulichen.*

☐ *gelernt (Campbell S. 239, S. 245 und S. 246)*

Mediatoren
- **Effektorproteine**, die mit **aktivierter α-Untereinheit** von G-Proteinen in
  Wechselwirkung treten
- dies führt zur Bildung **sekundärer Botenstoffe**
- z. B. **Adenylat-Cyclase**: Aktivierung → vermehrte Bildung von **cAMP**
  → wirkt auf Zielproteine (v. a. **Proteinkinase A**)

- z. B. **Phospholipase C**: Aktivierung $\rightarrow$ Spaltung von **PIP$_2$ (Phosphatidylino-sitol-4,5-bisphosphat)** in der Membran zu **DAG** und **IP$_3$** (s. u.) $\rightarrow$ IP$_3$ wirkt auf **Calciumkanäle**, DAG und **Ca^{2+}** wirken auf Zielprotein (**Proteinkinase C**)

sekundäre Botenstoffe (*second messenger*)
- auf **extrazelluläre Reize** hin im **Cytoplasma** gebildete bzw. freigesetzte **Moleküle** oder **Ionen**
- bewirken weitere **Enzymaktivitäten** $\rightarrow$ **Verstärkungsmechanismus**
- z. B. **cAMP** (zyklisches Adenosinmonophosphat), **DAG** (**Diacylglycerin**), **IP$_3$** (**Inositoltriphosphat**), **Ca^{2+}**

Bestimmte kleine Moleküle und Ionen nehmen als sekundäre Botenstoffe eine Schlüsselstellung in Signalübertragungswegen ein (Campbell S. 244) gelernt ☐

Membranrezeptoren mit intrazellulärer Enzymaktivität

Rezeptor-Tyrosinkinasen
- **Transmembranproteine** mit intrazellulärer **Tyrosinkinase-Domäne**
- cytoplasmatische Domäne ist selbst **enzymatisch aktiv**
- z. B. **Wachstumsfaktorrezeptoren**

Struktur und Funktion einer Rezeptor-Tyrosinkinase sind in Abbildung 11.8 von Campbells Biologie *dargestellt.* (Campbell S. 240) gelernt ☐

Funktionsweise von Tyrosinkinase-Rezeptoren
- Rezeptoren **dimerisieren** nach Bindung **monomerer Liganden** oder durch Bindung **dimerer Liganden**, die die Rezeptormoleküle zusammenführen
- gegenseitige **Aktivierung** der Rezeptoren mit Phosphatgruppen aus **ATP (Phosphorylierung)**
- **aktiviertes** Rezeptorprotein kann an verschiedene Proteine binden, z. B. über Adapterproteine an **Ras-aktivierendes Protein**
- **aktiviertes Ras** aktiviert 3 hintereinander geschaltete **Proteinkinasen**, von denen die letzte auf **Zielprotein** einwirkt

---

Siehe hierzu auch:
Die Signalübertragung geschieht oft durch Phosphorylierung von Proteinen, ein viel verwendeter zellulärer Regulationsprozess (Campbell S. 242) gelernt ☐

Ras-Proteine
- Familie kleiner **monomerer GTP-bindender** Proteine
- **Aktivierung** durch Bindung von **GTP**
- Zwischenglied bei der **Signaltransduktion** durch **Rezeptor-Tyrosinkinasen**
- Wirkungsweise:
  - intrinsische **GTPase-Aktivität**
  - **transformierende** Wirkung bei Mutationen im Gen, Onkogen

12.2.2 Signaltransduktion

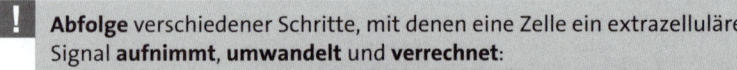

Abfolge verschiedener Schritte, mit denen eine Zelle ein extrazelluläres Signal **aufnimmt**, **umwandelt** und **verrechnet**:
- Bindung extrazellulärer **Signale** an **Oberflächenrezeptoren**
- **Übersetzung** der **extrazellulären** Signale in **intrazelluläre** Signale
- **Weiterleitung** und **Verstärkung** der Signale über Aktivierung **sekundärer Botenstoffe** oder **Enzymkaskaden** (Phosphorylierungskaskaden)
- **Auslösen** einer bestimmten **Antwort** der Zelle

Die drei Phasen der Signalverarbeitung sind Erkennung, Übertragung und Antwort

☐ *gelernt (Campbell S. 236)*

Signalübertragungswege führen vom Rezeptor zur Zellantwort

☐ *gelernt (Campbell S. 242)*

Regulation der Signalübertragung
- erfolgt auf fast allen Stufen der Signaltransduktion
- z. B. Bindung **inhibitorischer Proteine** an Rezeptoren
- z. B. Regulation von beteiligten **Enzymen** oder **sekundären Botenstoffen**

selektive Wahrnehmung
- Zellen reagieren selektiv auf bestimmte Signale → exprimieren unterschiedliche **Rezeptorenkombinationen**
- verschiedene Zellen können auf gleiche Signale unterschiedlich reagieren
- z. B. **Acetylcholin**: bewirkt im Skelettmuskel **Kontraktion**, im Herzmuskel **Relaxation** (oder zumindest **verlangsamte Kontraktion**)

Signaltransduktion bei Pflanzen
- über Rezeptoren und Mechanismen wenig bekannt
- 5 Gruppen von **Phytohormonen**: Cytokinine, Gibberelline, Ethylen, Auxine, Abscisinsäure

12.3 Zell-Zell-Kontakte

- **Verbindungen** zwischen Zellen von Organen und Geweben, die eine **Interaktion** der Einzelzellen ermöglichen
- Unterscheidung von **direkten Zell-Zell-Kontakten** und Kontakten zur **extrazellulären Matrix**

Zellverbindungen verknüpfen Zellen zu höheren Struktur- und Funktionseinheiten

☐ *gelernt (Campbell S. 156)*

Zelladhäsionsmoleküle (Adhäsine)
- **Glykoproteine** in der Plasmamembran
- vermitteln **Zelladhäsion** und **Zell-Zell-Kontakte**
- 4 Superfamilien: **Cadherine**, **CAMs** (aus Immunoglobulin-Superfamilie), **Selektine** und **Integrine**

Haupttypen von Zell-Zell-Kontakten (Abb. 12.1)
- *Tight-junctions*: „Verschlusskontakte" → sorgen für **Abdichtung** gegen Außenmedium
- *Adhering-junctions*: „Haftkontkakte" → sorgen für den **mechanischen Zusammenhalt** zwischen Zellen (z. T. werden hierzu auch Desmosomen und Hemidesmosomen gezählt)
- *Gap-junctions*: „Kommunikationskontakte" → sorgen für **direkte Verbindungen** zwischen Zellen

---

Tight-junctions (Abb. 12.1)
- **Verschluss-Zell-Zell-Kontakte** zwischen **Epithelzellen**
- bilden durchgehenden Gürtel um Zellen im **apikalen** Bereich
- Funktion: **Diffusionsbarriere** für **Transmembranproteine** in der Membran und für Substanzen über das **Epithel** hinweg
- ermöglichen **selektiven**, **gerichteten epithelialen Transport**, da dieser nur über die Epithelzellen erfolgen kann

Septate-junctions
- Zell-Zell-Kontakte bei **Invertebraten**
- entsprechen funktionell den *Tight-junctions*

Eine zu den *Tight-junctions* analoge Diffusionsbarriere bei Pflanzen ist der **Caspary-Streifen** der Endodermiszellen in der Wurzel.

Adhering-junctions (Abb. 12.1)
- Zell-Zell-Kontakte in **Epithelzellen** (als Gürtel unterhalb der *Tight-junctions*) oder in den **Glanzstreifen** des Herzmuskels
- verbinden die **Actinfilamente** benachbarter Zellen
- Transmembrankomponente: **Cadherine**
- Funktion: **koordinierte Bewegung** von Zellverbänden

Desmosomen (Abb. 12.1)
- **punktförmige** Zell-Zell-Kontakte zur **mechanischen Stabilisierung** von Zellverbänden
- z. T. als Form von Adhering-junction aufgefasst
- z. B. in Herzmuskel, Epidermis und Darmepithel
- verbinden die **Intermediärfilamente** benachbarter Zellen
- Transmembranproteine: **desmosomale Cadherine**

Schlussleistenkomplex
- Kombination aus *Tight-junction*, *Adhering-junction* und **Desmosom**

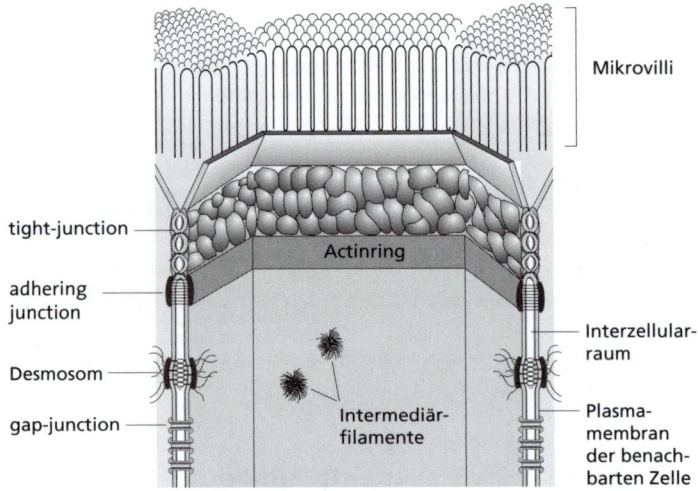

Abb. 12.1: Verschiedene Zell-Zell-Kontakte zwischen Dünndarmepithelzellen.

Hemidesmosomen
- bestehen aus **Integrinen**
- Funktion: **Verankerung** von Zellen mit Komponenten der Basallamina
- verbinden **Intermediärfilamente** mit Basallamina

Gap-junctions (Abb. 12.1)
- cytoplasmatische Zell-Zell-Verbindungen zur **interzellulären Kommunikation**
- gebildet durch **Kanalproteine (Connexine)**
- 6 Connexine bilden hexameren Proteinkomplex (**Connexon**) mit zentraler **Pore**
- Funktion: **elektrische Kopplung** → z. B. wichtiger Bestandteil **elektrischer Synapsen**
- **Regulation** der Durchlässigkeit durch **Mediatoren**: z. B. Ca^{2+}, cAMP
- meistens **heterooligomere Connexone** aus mindestens 2 verschiedenen Connexinen
  → unterschiedliche Durchlässigkeit der verschiedenen Poren

- die bei **Pflanzenzellen** vorkommenden **Plasmodesmen** sind ebenfalls direkte **cytoplasmatische** Zell-Zell-Verbindungen (aber **ohne** Kanalproteine)
- sie dienen ebenfalls der **interzellulären Kommunikation**

13. Zellteilung

Zellteilung   **!**
- grundlegende Eigenschaft **lebender Zellen** (Ausnahmen: z. B. Eizellen vor der Befruchtung, ausdifferenzierte somatische Zellen)
- Zweiteilung erfolgt nach **Verdoppelung** des **genetischen Materials** und der **Zellmasse**

Funktionen der Zellteilung
- **Reproduktion**:
  - **asexuell**: durch Zellteilung bei Prokaryoten, einzelligen Eukaryoten und einigen Metazoen
  - **sexuell**: Bildung von **Gameten** (Geschlechtszellen) durch **meiotische Teilungen**
- **Wachstum**: Entstehung aller **Körperzellen** von mehrzelligen Organismen durch aufeinander folgende Teilungen aus **befruchteter Eizelle**
- **Erneuerung**: Ersatz von Gewebe nach **Schädigung**

Die Zellteilung dient zu Vermehrung, Wachstum und Regeneration

(Campbell S. 254) gelernt ☐

13.1 Zellteilung bei Prokaryoten

- Vermehrung durch **Zweiteilung (binäre Spaltung)**   **!**
- **Genom ringförmig**, im Bereich des **Nucleoids (Kernäquivalent)**
- **hohe Teilungsrate** durch **kurze Replikationszeit**

Replikation des Bakterienchromosoms
- Beginn am **Replikationsursprung (Origin)** an einem Zellpol
- noch während Replikation **Wanderung** des kopierten Origins an **anderen Pol** → **Auftrennung** des verdoppelten Chromosoms
- dabei **Wachstum** der Zelle
- nach Ende der Replikation Bildung von **FtsZ-Ring**

FtsZ-Protein
- zu eukaryotischen **Tubulinen** homologes Protein
- während Zellwachstum und Replikation im **Cytoplasma** verteilt
- bildet anschließend **kontraktilen Ring** in Teilungsebene → kontrahiert → **Durchschnürung** der Zelle → Trennung der **Tochterzellen**

Die Mitose der Eukaryoten hat sich vermutlich aus der Zweiteilung der Bakterien entwickelt

☐ *gelernt (Campbell S. 261)*

13.2 Zellteilung bei Eukaryoten

Durch die Zellteilung werden gleichartige Chromosomensätze auf die Tochterzellen verteilt

☐ *gelernt (Campbell S. 254)*

! **Zellzyklus der Eukaryoten im Überblick** (Abb. 13.1)
- unterteilt in 2 noch weiter untergliederte Phasen
a) Interphase
  - Phase **zwischen** den Kernteilungen
  - gekennzeichnet durch **Zellwachstum** und **Verdoppelung** des **genetischen Materials**
  - hohe **Stoffwechselaktivität**
  - Chromosomen **dekondensiert**
  - unterteilt in 3 Stadien: **G_1-Phase**, **S-Phase** und **G_2-Phase**
  - ebenfalls hierzu: „Ausstieg" aus dem Zellzyklus von der G_1- in die **G_0-Phase**
b) M-Phase (Mitosephase)
  - **Mitose**: Kernteilung (**Karyogenese**) → **Verteilung** der Chromatiden auf die Tochterzellen vor der Zellteilung
    - unterteilt in 5 Stadien: **Prophase, Prometaphase, Metaphase, Anaphase, Telophase**
  - **Cytokinese**: anschließende Zellteilung (**Durchschnürung** des Cytoplasmas)

Im Zellzyklus wechseln Mitosephase und Interphase ab

☐ *gelernt (Campbell S. 257)*

 Nicht immer folgt auf die Mitose auch eine Cytokinese: Durch mehrere aufeinander folgende **Mitosen ohne Cytokinese** entsteht ein **Syncytium** (mehrkerniger Plasmakörper, z. B. in Embryonalentwicklung von Insekten).

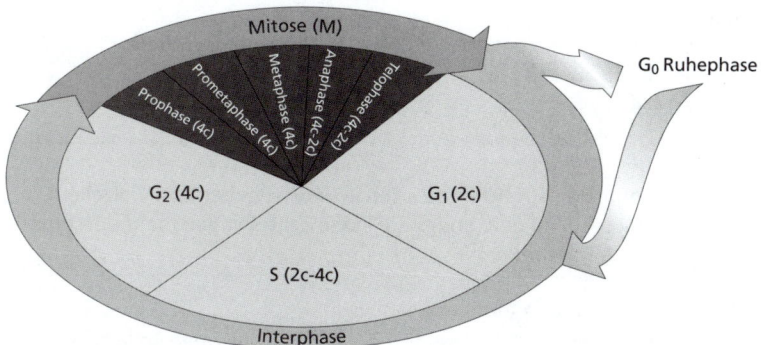

Abb. 13.1: Zellzyklus einer Eukaryotenzelle mit Abfolge der einzelnen Phasen und Veränderung des c-Wertes.

Dauer des Zellzyklus
- je nach Organismen sehr **unterschiedlich**
- bei den meisten **Säugerzellen** 12–36 Stunden
- die **Interphase** macht ca. 90 % der Dauer des Zellzyklus aus
- **ausdifferenzierte** Zellen dauerhaft in G_0-**Phase** → teilen sich nicht mehr (s. u.)

c-Wert
- Gesamtmenge an **DNA** in einer Zelle (bezogen auf **haploiden** Chromosomensatz)
- **diploide** Zelle nach Mitose: **c-Wert = 2** (je Chromosom 1 **Chromatide**)
- erhöht sich nach Replikation der DNA in S-Phase: **c-Wert = 4**
- nach Trennung der Chromatiden in Mitose: **c-Wert = 2**

13.2.1 Die Stadien der Interphase (Abb. 13.1)

G_1-Phase
- G steht für *gap* („Lücke")
- folgt unmittelbar auf **Mitose**
- gekennzeichnet durch **starke RNA-Synthese** und **Proteinbiosynthese**
- Vorbereitung der Replikation, **keine** DNA-Synthese
- **c-Wert = 2**

S-Phase
- S steht für *synthesis* („Synthese")
- Phase der **DNA-Replikation**
- **c-Wert** steigt auf **4**
- am Ende Chromosomen aus je **2 Chromatiden**

G$_2$-Phase
- gekennzeichnet durch **RNA-Synthese** und **Proteinbiosynthese**
- Vorbereitung auf **Mitose**
- **c-Wert = 4**

 G$_0$-Phase
- Bezeichnung bei **ausdifferenzierten** Zellen/Geweben von Vielzellern, die vorübergehend oder endgültig **keine Zellteilungen** mehr durchmachen (z. B. Nervenzellen)

Centrosomen (s. Abb. 13.2A)
- auch **MTOCs** (*microtubule organizing centres*) → wichtige Rolle für **Organisation des Mikrotubuliskeletts** im Cytoplasma
- in **G$_1$-Phase** (tierische Zellen) aus **2 Centriolen** (Zentralkörperchen) und **pericentriolärem Material**
  - Centrosomen mit 2 rechtwinklig angeordneten Centriolen = **Diplosomen**
- in pflanzlichen Zellen **acentriolär**
- am Ende der Interphase **2 Centrosomen**

Siehe hierzu auch Abbildung 7.22 in Campbells Biologie.

☐ *gelernt (Campbell S. 151)*

Kontrolle des Zellzyklus in der Interphase
- erfolgt durch **übergeordnete**, in der Evolution **hoch konservierte Proteine**
- steuern **Replikation der DNA** und **Aufbau des Spindelapparats**
- 2 **Kontrollpunkte (Restriktionspunkte)**: in der **G$_1$-** und **G$_2$-Phase**
- Kontrollpunkte dienen der **DNA-Reparatur**
  - **Blockade**, solange nicht alle Schäden repariert sind
  - bei irreparablen Schäden: **Apoptose** (Zelltod)

 Ein weiterer **Kontrollpunkt** liegt in der **Mitose** → Einleitung der **Anaphase** (s. u.) erfolgt erst nach Anheftung der Chromosomen an **Spindelapparat**.

Cycline
- an **Regulation des Zellzyklus** beteiligte **Proteine**
- **Cyclin-B** bildet zusammen mit **cdc2-Protein** Komplex (MPF, s. u.) → **Einleitung der Mitose**
- **Cyclin-B-Synthese** in Interphase, **Cyclin-B-Abbau** in Mitose
- Kontrolle des Zellzyklus als komplexes Netzwerk mit zahlreichen **cdc(*cell division cycle*)-Proteinen**

MPF (*mitosis-promoting factor*)
- Proteinkomplex aus **Cyclin-B** und **cdc2-Protein**
- bewirkt durch **Phosphorylierung** von Proteinen in **G$_2$-Phase** Auflösung der Kernhülle → **Eintritt in Mitose**

SPF *(S-phase promoting factor)*

- Proteinkomplex aus **Cyclin-abhängiger Kinase** und einem **Cyclin**
- bewirkt Einleitung der **DNA-Synthese** → Übergang von **G₁**- in **S-Phase**

Ein molekulares Kontrollsystem treibt den Zellzyklus an

(Campbell S. 263) gelernt ☐

Siehe hierzu außerdem:
Zur Regulation des Zellzyklus tragen innere und äußere Signale bei

(Campbell S. 266) gelernt ☐

13.2.2 Die Stadien der Mitose (Abb. 13.2)

- der folgende Ablauf entspricht dem bei **höheren Tieren**

Eine übersichtliche Darstellung der Mitosestadien bietet auch Abbildung 12.5 in Campbells Biologie.

(Campbell S. 256/257) gelernt ☐

1. Phase: Prophase (Abb. 13.2B)

- **Chromosomen kondensieren** und werden erkennbar
- **Kernmembran** ist **intakt**
- **Nucleoli** sind **zerfallen**
- **2 Centrosomen** mit sternförmig ausstrahlenden **Astermikrotubuli** im Cytoplasma → entfernen sich voneinander

2. Phase: Prometaphase (Abb. 13.2.C)

- **Kernmembran** beginnt sich **aufzulösen** (Reste bleiben erhalten)
- **Mikrotubuli** dringen durch Lücken in Kernraum ein
- **Chromosomen** stärker kondensiert, **Chromatiden** werden sichtbar
- Aufbau des bipolaren **Spindelapparats** beginnt
- Mikrotubuli nehmen **Kontakt** mit **Chromosomen** auf
- **Centrosomen** nun an den **Spindelpolen**

Die **Prometaphase** ist nur im **TEM** zuverlässig von der Prophase zu unterscheiden.

---

3. Phase: Metaphase (Abb. 13.2.D)

- **Kernmembran** hat sich **aufgelöst** (→ **offene Mitose**)
- Reste der Membran bilden **Intraspindelmembranen** (im Spindelraum) oder **Spindelhülle** (an Oberfläche des Spindelapparats)
- **Centrosomen** liegen an **Spindelpolen**
- **Spindelapparat** vollständig aufgebaut

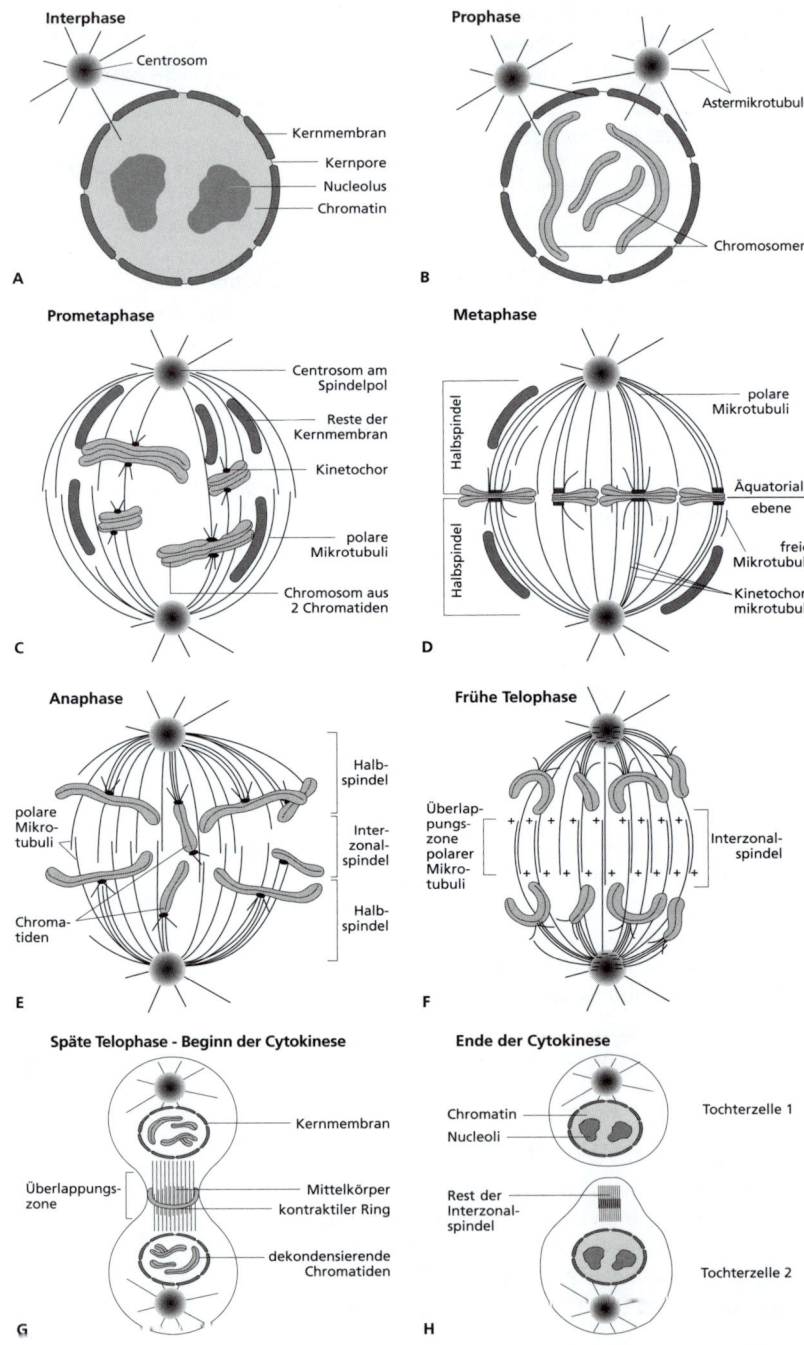

Interphase

Centrosom

Kernmembran
Kernpore
Nucleolus
Chromatin

A

Prophase

Astermikrotubuli

Chromosomen

B

Prometaphase

Centrosom am
Spindelpol

Reste der
Kernmembran

Kinetochor

polare
Mikrotubuli

Chromosom aus
2 Chromatiden

C

Metaphase

polare
Mikrotubuli

Halbspindel

Äquatorial-
ebene

Halbspindel

freie
Mikrotubuli

Kinetochor-
mikrotubuli

D

Anaphase

Halb-
spindel

Inter-
zonal-
spindel

Halb-
spindel

polare
Mikro-
tubuli

Chroma-
tiden

E

Frühe Telophase

Überlap-
pungs-
zone
polarer
Mikro-
tubuli

Interzonal-
spindel

F

Späte Telophase - Beginn der Cytokinese

Kernmembran

Überlappungs-
zone

Mittelkörper
kontraktiler Ring

dekondensierende
Chromatiden

G

Ende der Cytokinese

Chromatin
Nucleoli

Tochterzelle 1

Rest der
Interzonal-
spindel

Tochterzelle 2

H

- **Spindelachse**: gedachte Linie zwischen den Polen
- Anordnung der **Chromosomen** in der **Äquatorialebene** der Spindel (→**Metaphaseplatte**)
- Metaphasechromosomen aus **2 Chromatiden**
- **Halbspindel**: Raum zwischen Chromosomen und Centrosomen (→ 2 Halbspindeln bilden **Metaphasespindel**)
- Ansatz der **Spindelfasern** an den **Centromeren** der Chromosomen
- **Kinetochore**: Proteinauflagerungen im Centromerbereich → Ansatzstellen für **Kinetochormikrotubuli** des Spindelapparats
- weitere Mikrotubulitypen: **polare Mikrotubuli** (entspringen an Centrosomen) und **freie Mikrotubuli** (beide Enden frei)

4. Phase: Anaphase (Abb. 13.2.E)

Anaphase A

- gekennzeichnet durch **Chromosomenwanderung**
- **Trennung** der **Chromatiden** → **Wanderung** zu gegenüber liegenden **Spindelpolen** (→ **Anaphaseplatten**)
- dabei **Verkürzung der Halbspindel**
- Bildung von **Interzonalspindel** zwischen den Chromatiden
- entgegengesetzt angeordnete **polare Mikrotubuli** treten in Wechselwirkung

Modelle für den Mechanismus der Chromatidenwanderung

a) *Kinetochormikrotubuli als „Zugfasern"*
  - Chromatiden werden durch **Depolymerisation** der **Kinetochormikrotubuli** am **(–)-Ende** zu Spindelpolen **gezogen**
b) *Kinetochormikrotubuli als „Gleitschienen"*
  - Chromatiden bewegen sich durch Aktivität von **Motorproteinen** (**Dynein**) am **Kinetochor** entlang der Kinetochormikrotubuli zu den Centrosomen
  - dabei Abbau der **Kinetochormikrotobuli** am **(+)-Ende**
  - dieses Modell wird heute favorisiert

Die Mitosespindel verteilt die Chromosomen auf die Tochterzellen

(Campbell S. 258) gelernt ☐

Anaphase B

- gekennzeichnet durch **Spindelstreckung**
- Vergrößerung des **Abstands** zwischen den **Spindelpolen**

◄ **Abb. 13.2:** Cytologische Veränderungen beim Übergang von der Interphase (A; mit dekondensiertem Chromatin) in die Mitose und in den Stadien der Mitose (B–G) einschließlich Cytokinese (G–H).

- geschieht durch **antiparalleles Gleiten** zweier überlappender **Mikro-tubulipopulationen** in der Interzonalspindel → durch **Motorproteine** (**Spindelkinesine**)

5. Phase: Telophase (Abb. 13.2F und G)

- **Chromatidenbewegung** abgeschlossen
- **Abbau** der **Kinetochormikrotubuli**
- **Überlappungszone** entgegengesetzt angeordneter **Mikrotubuli** sichtbar
- **Interzonalspindel** verjüngt sich zu schmalem **Mikrotubulistrang**
- Bildung **neuer Kernmembran** → Entstehung von **2 Tochterkernen**
- beginnende **Dekondensation** des **Chromatins**
- Bildung eines **kontraktilen Rings** für die **Cytokinese**

13.2.3 Cytokinese (Abb. 13.2G und H)

- kein separates Mitosestadium → beginnt in **später Telophase**
- **Teilungsebene** senkrecht zur Spindelachse auf Höhe der ehemaligen Metaphaseplatte
- Einstülpung an Cytoplasmamembran: **Teilungsspalt** (Teilungsfurche)
- Teilung i. d. R. symmetrisch (**äquale Teilung**), in Einzelfällen asymmetrisch (**inäquale Teilung**)
- Bildung eines **kontraktilen Ringes** aus **Actinfilamenten** und **Myosin**
- führt zur **Trennung** der **Tochterzellen**
- Reste der **Interzonalspindel** verbleiben in **1 Tochterzelle**
- in somatischen Zellen: **vollständige Cytokinese**
- bei Gametogenese: meist **unvollständige Cytokinese** → Verbleib von Cytoplasmabrücken, z. B. bei der Spermatogenese

In der Cytokinese teilt sich das Plasma

☐ *gelernt (Campbell S. 261)*

13.2.4 Mitose bei niederen Eukaryoten und höheren Pflanzen

Unterschiede der Mitose von höheren und niederen Eukaryoten

höhere Eukaryoten	niedere Eukaryoten
offene Mitose: Kernmembran zerfällt in der Metaphase der Mitose	**geschlossene Mitose**: Kernmembran bleibt bei der Mitose erhalten
Organisation des **Spindel-apparats** durch **pericentrioläres Material** an den Spindelpolen	Organisation des Spindelapparats durch **Spindelpolkörper**

- auch bei der **Chromatidenwanderung** gibt es Abweichungen bei niederen Eukaryoten

Besonderheiten der Mitose bei höheren Pflanzen
- **Interphase (G_2):** unter Plasmamembran liegt auf Zellkernhöhe ring-förmiges Mikrotubulibündel (**Präprophaseband**) → hier später Aufbau der neuen Zellwand
- **Metaphase:** Spindelapparat tonnenförmig (breite Spindelpole)
- **Telophase:** zwischen den Tochterkernen bildet sich **Mikrotubulisystem** (**Phragmoplast**) → modifizierte Interzonalspindel
  - aus **Golgi-Zisternen** lagern sich hier **Vesikel** mit Zellwandmaterial an → Bildung einer **Zellplatte** → Bildung einer **neuen Zellwand**

Unterschiede der Cytokinese zwischen Tieren und Pflanzen

höhere Tiere	höhere Pflanzen
durch Bildung eines **kontraktilen Ringes**	durch Aufbau einer **neuen Zellwand** unter Beteiligung eines Mikrotubuli-systems (**Phragmoplast**)
astrale Spindeln (mit **Astern** und **Centriolen**)	**anastrale** Spindeln (ohne Astern und Centriolen)

In Abbildung 12.8 in Campbells Biologie *ist die Cytokinese von Tier- und Pflanzenzellen gegenübergestellt.*

(Campbell S. 260) gelernt ☐

Index